Maja Jimenez

Physisch-geographische Analyse und Bewertung von Naturrisiken und Naturgefahren an ausgewählten Beispielen in Costa Rica

Bibliografische Information der Deutschen Nationalbibliothek:

Bibliografische Information der Deutschen Nationalbibliothek: Die Deutsche Bibliothek verzeichnet diese Publikation in der Deutschen Nationalbibliografie; detaillierte bibliografische Daten sind im Internet über http://dnb.d-nb.de/ abrufbar.

Copyright © 2014 Diplomica Verlag GmbH
Druck und Bindung: Books on Demand GmbH, Norderstedt Germany
ISBN: 9783961165612

http://www.diplom.de/ ... che-analyse-und-bewertung-von-naturr...

MIX
Papier aus verantwortungsvollen Quellen
Paper from responsible sources
FSC® C105338
FSC
www.fsc.org

Maja Jimenez

Physisch-geographische Analyse und Bewertung von Naturrisiken und Naturgefahren an ausgewählten Beispielen in Costa Rica

Kurzzusammenfassung

Dem „WeltRisikoBericht 2013" zufolge belegt Costa Rica den siebten Platz im globalen Ländervergleich im Hinblick auf die Gefährdung durch Naturgewalten und Vulnerabilität der Gesellschaft. Eine physisch-geographische Analyse und Bewertung der Naturgefahren und Naturrisiken in Costa Rica ist notwendig, um die Problematik zu identifizieren und Aussagen bezüglich des Risikomanagements vor Ort treffen zu können. Forschungen rund um Hazards in ausgewählten Regionen Costa Ricas, Risiko-Wahrnehmung, Initiativen, Hazard-Informationssysteme und Aufklärungsprogramme sollen Aufschluss geben, sowohl über das Ausmaß der Gefahr, als auch über das Entwicklungsstadium hinsichtlich „adjustments and adaptations". Nur durch adäquate Risikoprävention kann das Land die Wahrscheinlichkeit verringern, Opfer einer Naturkatastrophe zu werden.

Abstract

According to the "WorldRiskReport 2013" Costa Rica is ranked seventh in the global country comparison in relation to the risks posed by natural disasters and vulnerability of society. A physical geographical analysis and assessment of natural hazards and risks in Costa Rica is necessary to identify the distress and make statements regarding risk management on the spot. Conducting research on hazards in selected regions of Costa Rica, risk perception, initiatives, hazard information systems and education programs will provide information on the extent of the risk, as well as propound the stage of development towards adjustments and adaptations. Only through adequate risk prevention, the country will reduce the likelihood of getting affected by a natural disaster.

Inhaltsverzeichnis

I Abbildungsverzeichnis

II Tabellenverzeichnis

III Abkürzungsverzeichnis

CICG: Centro de Investigaciones en Ciencias Geologicas

CIMAR: Centro de Investigación en Ciencias del Mar y Limnología

CNE: Comisión Nacional de Prevención de Riesgos y Atención de Emergencias

ITCZ: Innertropische Konvergenzzone

IMN: Instituto Meteorologico Nacional

INEC: Instituto Nacional de Estadística y Censos

NDBC: National Data Buoy Center

ONU: Programm der Organisation der Vereinten Nationen

OVSICORI: Observatorio Vulcanológico y Sismológico de Costa Rica

PNGR: Plan Nacional para la Gestión del Riesgo

PNUD: Programa de Naciones Unidas para el Desarrollo

RSN: Red Sismológica Nacional

PREVENTEC: Información científica y tecnológica al servicio de la prevención y mitigación
de desastres

PTWC: Pacific Tsunami Warning Center

UCR: Universidad de Costa Rica

UNA: Universidad Nacional

UNISDR: International Strategy for Disaster Reduction United Nations

USGS: Servicio Geológico de los Estados Unidos

1. Einleitung

1.1 Problemstellung und Ziel der Arbeit

„Der englische Ausdruck *hazard* ist nicht ganz mit Ereignis (*event*) gleichzusetzen. Mit ihm wird zwar auf ein überraschendes und plötzliches Ereignis mit großer Wirkung auf sein Umfeld hingewiesen, das aber indes nicht völlig unerwartet auftritt, sondern wie das Schwert des Damokles über der Region schwebt, auch wenn man es gar nicht wahrnimmt" (POHL und GEIPEL 2002: 2).

Costa Rica befindet sich an siebter Stelle im globalen Vergleich in Bezug auf die Gefährdung durch Naturgewalten und Vulnerabilität der Gesellschaft (vgl. Tab. 1).

Tabelle 1: **WeltRisikoIndex in %** (Eigene Darstellung, zit. nach dem Weltrisikobericht 2013)

Rang	Land	Risiko (%)
1.	Vanuatu	36,43
2.	Tonga	28,23
3.	Philippinen	27,52
4.	Guatemala	20,88
5.	Bangladesch	19,81
6.	Salomonen	18,11
7.	Costa Rica	16,94
8.	Kambodscha	16,90
146.	Deutschland	3,24

Der „WeltRisikoIndex" ist das auf Forschungen des Bündnisses Entwicklung Hilft beruhende Produkt aus der Vulnerabilität der Bevölkerung, sprich Anfälligkeit hinsichtlich der Infrastruktur, ökonomische Aspekte, Ernährung, des Mangels an Anpassungs- und Bewältigungskapazitäten und aus der Gefährdung im Hinblick auf die Exposition des Landes gegenüber Naturgefahren. Der Prozentsatz des Weltrisikoindexes, welcher der mittelamerikanischen Republik Costa Rica zugewiesen wurde (16,94 %, zit. nach Bündnis Entwicklung Hilft 2013), ist aufsehenerregend (vgl. Abb. 1).

Wie mächtig sind die *Hazards*, die „wie das Schwert des Damokles" (ebd.) über ausgewählten Regionen Costa Ricas schweben und wie werden sie von den Costa-Ricanern in s.g. Hotspot-Regionen wahrgenommen?

Welchem Risiko setzen sich die Menschen aus und inwiefern wird etwaiges Wissen über Naturkatastrophen vermittelt?

Die nachfolgende schriftliche Ausarbeitung stellt eine physisch-geographische Bewertung und Analyse von Naturgefahren und Naturrisiken an ausgewählten Beispielen in Costa Rica dar.

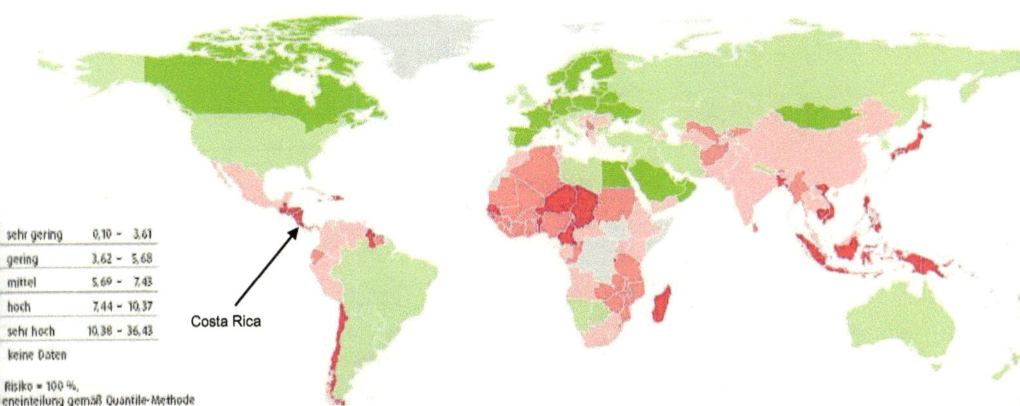

Abbildung 1: WeltRisikoIndex in % (WeltRisikoBericht 2013, mit eigener Ergänzung)

1.2 Vorgehensweise und Methodik

Die physisch-geographische Analyse und Bewertung des Forschungsgegenstandes werden vor Ort in Costa Rica durchgeführt. Der erste Aufenthalt in Costa Rica fand im Jahre 2007 statt. Daraufhin folgte ein weiterer Auslandsbesuch von 2009 bis 2011. Diese Arbeit beruht u.a. auf Erfahrungen, die in diesen Zeiträumen, als auch auf der momentanen Forschungsreise, die Anfang 2014 begann, gewonnen wurden.

Die Rahmendaten werden anhand von wissenschaftlicher Literatur und anderen geographisch relevanten Aufzeichnungen erhoben. Nationale Strategien und Projekte hinsichtlich der Prävention, Wahrnehmung und der Sensibilisierung der Bevölkerung werden mittels qualitativer Interviews und Feldbeobachtungen eruiert. Die explorative Methodik des qualitativen Interviews, die problemzentriert konzipiert ist, soll bei verschiedenen Interessengruppen Anwendung finden. Die Ergebnisse der Befragungen werden in den empirischen Teil dieser Arbeit eingebunden. Das Forschen nach Gesetzmäßigkeiten im Sinne eines erörternden Dialoges ist der Leitgedanke (MEIER KRUKER und RAUH 2005: 22).

Ausgewählte Karten, Abbildungen, Fotos und Tabellen sollen die Ausarbeitung veranschaulichen und komplettieren.

Auf den Vulkan Arenal, das Erdbeben von 2009 und u.a. meteorologische Extremereignisse des aktuellen Jahres 2014 soll innerhalb dieser Arbeit detaillierter eingegangen werden.

2. Costa Rica- Geographische Einführung

2.1 Klima und Naturraum

Das gesamte Territorium Costa Ricas liegt zwischen 11°13'12"und 8°57'57" nördlicher Breite
auf dem mittelamerikanischen Isthmus (vgl. Abb. 2).

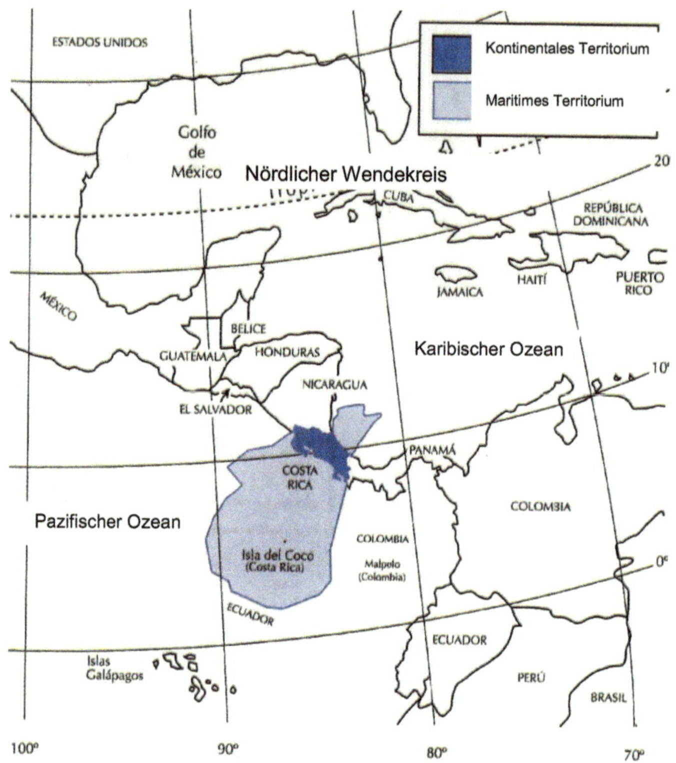

Abbildung 2: Gesamtfläche von Costa Rica (VARGAS ULATE 2006: 25, eigene Übersetzungen)

Mit einer Gesamtfläche von ca. 551.100 qkm ist Costa Rica (dt. „reiche Küste") das größte
zentralamerikanische Land, welches zwischen dem Wendekreis des Krebses und dem Wendekreis des Steinbocks liegt und demnach der Tropenzone zugeordnet wird. Die ökologische
Umwelt disponiert also über tropische Eigenschaften: Wald, Fluss-Netzwerk, Boden und Klima. Bei der Flora und Fauna, welche an diese Bedingungen angepasst sind, handelt es sich
von daher größtenteils um tropische Arten. Das tropische Klima des Landes wird aber dennoch durch Faktoren wie Relief (die Anordnung der Berge, Ebenen und Plateaus), die Lage
in Bezug auf den Kontinent (isthmische Bedingungen), die ozeanischen Einflüsse (Winde,

die Temperatur von Meeresströmungen) und die allgemeine Zirkulation der Atmosphäre verändert. Das Zusammenspiel der geographischen, atmosphärischen und ozeanischen Faktoren sind die wichtigsten Kriterien, die das Klima beeinflussen. Die Nordwest-Südost-Ausrichtung der Gebirge und die Lage zwischen zwei Ozeanen teilen Costa Rica in zwei Zonen: Pazifik und Karibik. Die geographische Lage, die vier verschiedenen Gebirgsketten, sowie der mit ihnen einhergehende Luv- und Lee-Effekt machen Costa Rica, dessen Kontinentalfläche eine Größe vergleichbar mit der des deutschen Bundeslandes Niedersachsen aufweist, zu einer Region mit einer außergewöhnlichen Biodiversität (IMN 2008: 8ff.).

Die Pazifikküste wird von einer Trockenzeit und einer gut definierbaren Regenzeit gespeist. Die Trockenzeit, auch Sommer (span. „verano") genannt, dauert von Dezember bis März an; April ist ein Übergangsmonat. In diesem Zeitraum befindet sich die Innertropische Konvergenzzone (ITCZ) südlicher; ein Tiefdruckgürtel, der Niederschläge in der Pazifikzone, vor allem im Süden des Landes, evoziert. Der trockenste und wärmste Monat ist der März. Die regenarme Periode beginnt zunächst nordwestlich und zuletzt im Südosten des Landes.

Das Gegenteil tritt mit dem Einsetzen der Regenzeit auf, welche von Mai bis Oktober andauert. November ist ebenfalls ein Übergangsmonat. Ungefähr ab August liegt die ITCZ genau über Costa Rica (vgl. Abb. 3), obwohl sich im Juli und August eine relative Abnahme der Niederschlagsmenge einstellen kann, was wiederum auf den Einfluss der Passatwinde zurückzuführen ist. Die regenreichsten Monate sind September und Oktober, induziert durch den Einfluss der Zyklonen-Systeme, Monsuneinwirkungen und äquatoriale Pazifikwinde (MUÑOZ et al. 2002: 6ff.). Zwischen September und November wurden bisher die meisten hydrometeorologischen Katastrophen registriert (s. Kap. 4.1) (VARGAS ULATE 2006: 224).

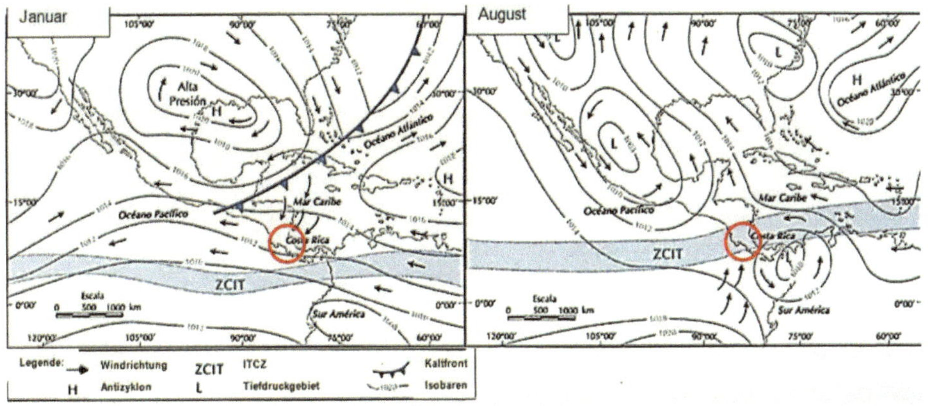

Abbildung 3: Luftdruck und Zirkulation (VARGAS ULATE 2006: 95, eigene Übersetzungen und Veränderungen)

Laut dem costa-ricanischen Geographen VARGAS ULATE (2006: 101) sind seit dem Jahre 1985 vier Bänder über Klimaklassifikationen Costa Ricas erschienen. Die erste veröffentlichte 1985 Wilbert Herrera („Clima de Costa Rica"), worin Karten mit einer Skala von 1:100.000 erscheinen und in dem 95 verschiedene Klimatypen innerhalb des Landes aufgezeigt werden.

Klassifiziert man die Klimazonen nach W. Köppen, so kann man zwischen mindestens vier Zonen unterschiedlichen Klimas in Costa Rica differenzieren (vgl. Abb. 4) (ebd.):

- **Aw-Klima** an der nördlichen Pazifikküste: Savannenklima. Es kommt in der kälteren Jahreszeit mindestens ein Monat mit weniger als 60 mm Niederschlag vor, die Temperatur des wärmsten Monats liegt über 22 °C und mindestens 4 Monate sind wärmer als 10 °C.

- **Cw-Klima** im Lee-Bereich des gesamten Gebirgsgürtels: Warmes wintertrockenes Klima. Es fällt im regenreichsten Monat der wärmeren Jahreszeit mehr als zehnmal so viel Niederschlag wie im regenärmsten Monat der kälteren Jahreszeit und nur ein bis drei Monate erreichen nie Temperaturen weniger als 10 °C.

- **Cf-Klima** im Luv-Einzugsbereich: Feuchtgemäßigtes Regenklima ohne Trockenperiode. Alle Monate sind feucht (vollfeucht).

- **Af-Klima** im karibischen Teil und in der südlichsten Pazifikregion: Tropisches Regenwaldklima. Die Temperatur innerhalb dieser vollfeuchten Klimazone liegt im wärmsten Monat über 22 °C und ist mindestens 4 Monate wärmer als 10 °C.

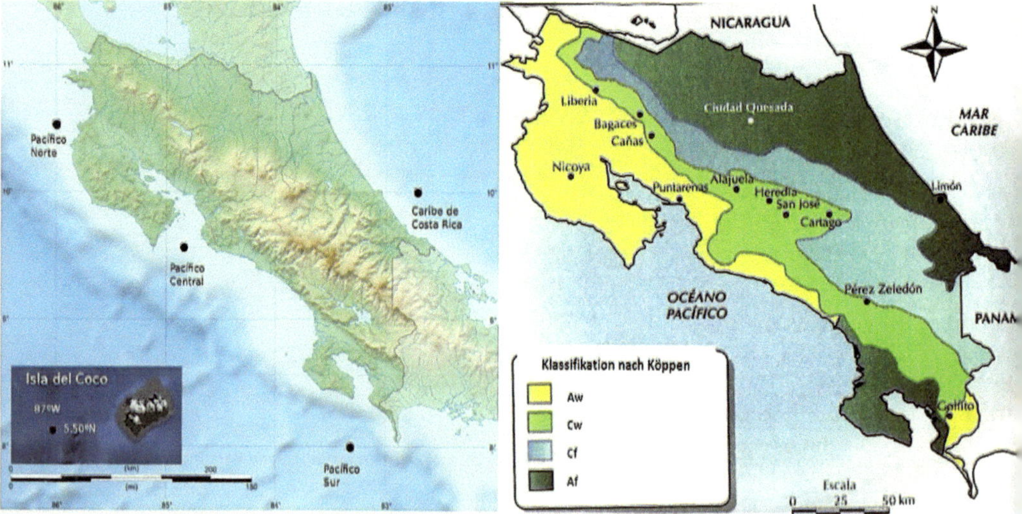

Abbildung 4: Relief & Klimazonen nach Köppen (links: CIMAR 2014, rechts: VARGAS ULATE 2006: 100, eigene Übersetzungen)

10

In den Küstenregionen finden wir also warme A-Klimata vor. In den nördlichen Pazifikgegenden gibt es dürregefährdete Zonen, was besonders auf die Topographie, bzw. auf den Föhneffekt zurückzuführen ist (vgl. Abb. 4). Die vier vulkanischen Gebirgszüge erstrecken sich südöstlich durch das gesamte Land.

Der Südpazifik Costa Ricas ist durch Ausläufe des Monsunregens, bzw. durch den verstärkten Einfluss der ITCZ charakterisiert und deshalb vollfeucht. Der jährliche Schnitt liegt hier bei 4500 mm Niederschlag; eine Tatsache, welche die Region besonders im Hinblick auf Überschwemmungen gefährdet (s. Kap. 4.1) (VARGAS ULATE 2006: 129).

Ein weiterer Faktor, der die Niederschlagsintensität beeinflusst ist das El Niño-Phänomen, welches per Messungen der Meerestemperatur kurzfristig vorausgesagt werden kann und in ungewissen Abständen eintritt. Z.B. können Jahrzehnte ohne das Eintreten des El Niños vergehen, manchmal liegen hingegen nur wenige Jahre dazwischen. El Niño verursacht verheerende Niederschläge auf der einen und Dürren auf der anderen Seite. Das Ausbleiben von Fischschwärmen ist ein weiterer Effekt. Im aktuellen Jahr 2014 konnte ab Februar eine Temperaturanomalie (im April bis zu 6°C) festgestellt werden (vgl. Abb. 5). Die subnormale Erwärmung der Meeresoberfläche (in ca. 0-400 m Tiefe) erreichte im April ihr Maximum (IMN 2014: 28f.). El Niño verursachte zwischen Mai und Juli 2014 heftige Regenfälle in der Karibik Costa Ricas und eine folgenschwere Dürre am Nordpazifik (s. Kap. 4.1). El Niño kommt zustande, sobald der kalte Meeresstrom, der nahrhaftes Tiefenwasser des östlichen äquatorialen Pazifiks mit warmem Oberflächenwasser durchmischt, ausbleibt oder abschwächt. Der Pazifik erwärmt sich so stark, dass es zum Planktonsterben kommt und damit zum Verschwinden der Nahrungsgrundlage für Fische und Wale. Die Luftzirkulation verändert sich; die feuchtwarme Meeresbrise kann, u.a. abhängig von topographischen Gegebenheiten, heftige Regenfälle verursachen. Im Anschluss an einen El Niño folgt meist das La Niña-Phänomen. Das warme östliche Pazifik-Oberflächenwasser wird durch starke Passatwinde gen Westen getrieben. Kaltes Tiefenwasser strömt im östlichen Pazifik nach, sodass es an den Küsten aufgrund veränderter meteorologischer Verhältnisse zu Dürreerscheinungen kommen kann (CNE 2010: 3f.).

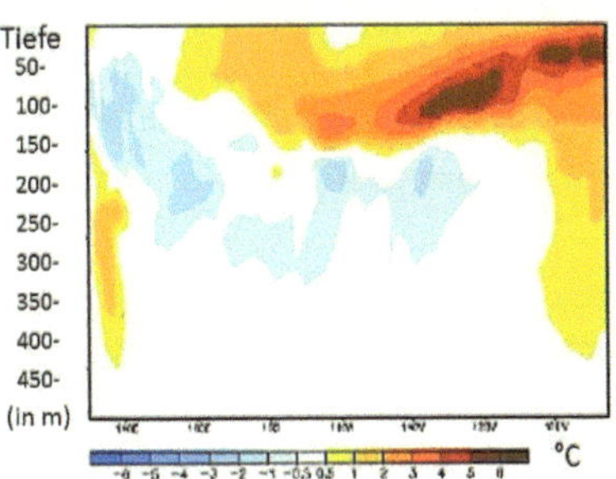

Abbildung 5: El Niño: Erwärmung der Meeresoberfläche im Pazifik (IMN 2014:29, eigene Veränderung)

11

Die 51.100 Quadratkilometer (qkm) große kontinentale Landmasse Costa Ricas grenzt nord-
östlich an das karibische Meer und südwestlich an den Pazifik. Das ca. zehn Mal größere
marine Territorium misst über 500.000 qkm. Vom nördlichsten Punkt bis zum Südlichsten
sind es 464 km Luftlinie; 119 km minimale Breite wurden im südlichen Costa Rica gemessen
(vgl. Abb. 6). Angrenzende Staaten sind Nicaragua im Norden, Panama im Südosten, sowie
auf mariner Ebene die südamerikanischen Länder Kolumbien und Ecuador. Die Interkonti-
nentalität zwischen der nordamerikanischen und der südamerikanischen Kontinentalmasse
macht Costa Rica, als Teil der mittelamerikanischen Landenge, zu einer schmalen und dennoch wichtigen kulturellen und biologischen Brücke (VARGAS ULATE 2006: 24ff.).

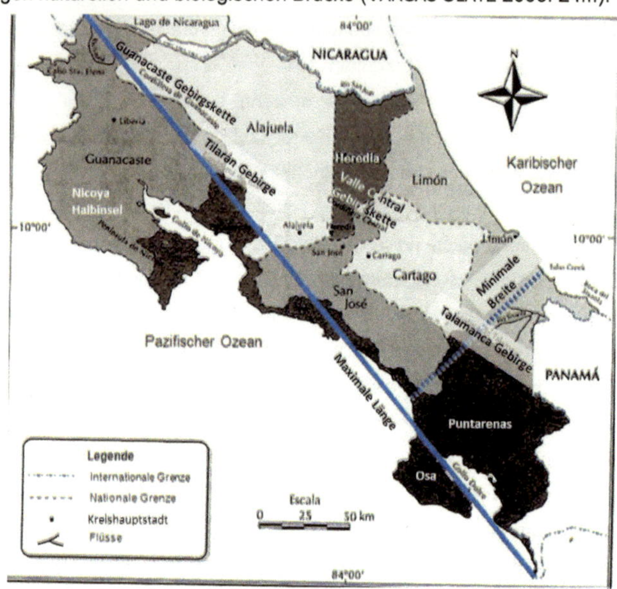

Abbildung 6: Extreme Endpunkte & Provinzen (VARGAS ULATE 2006: 26, eigene Übersetzungen)

2.2 Territoriale Verwaltung und demographische Aspekte

Costa Rica ist in sieben Provinzen (span. „provincias") aufgeteilt, diese in landesweit insgesamt 81 Kantone (span. „cantones") und jene wiederum in Bezirke (span. „distritos"). Weitere
politisch-administrative Unterteilungen sind Stadtteile (span. „barrios") und Ortschaften
(span. „caseríos").

Die Provinz Puntarenas, die das südlichste Gebiet, sowie die Osa-Halbinsel, die südlichste
Spitze der Nicoya-Halbinsel und die gesamte Mittel- und Süd-Pazifikküste impliziert, ist mit
11.276,97 qkm die Größte (s. Kap. 2.1: Abb. 5). Guanacaste folgt flächenanteilsmäßig mit
10.140,71 qkm und deckt Teile des Nordens und der Nicoya-Halbinsel ab, sowie die nördli-
che Pazifikküste. Alajuela, 9.753,23 qkm groß, liegt nord-östlich des Guanacaste-und

Tilarán-Gebirgsgürtels und bildet einen Teil des großen, bevölkerungsreichen Tals der Mitte des Landes („Valle Central"). Die Provinz namens Limón (9.188,52 qkm) schließt die gesamte karibische Küste ein und ist im Norden räumlich, sowie politisch durch die Valle Central-Gebirgskette, sowie im Süden durch das große Talamanca-Gebirge, von den Nachbarkantonen getrennt (VARGAS ULATE 2006: 160 f.).

Außer in Guanacaste, dessen Hauptstadt Liberia heißt, tragen alle Kreishauptstädte die Namen ihrer Provinzen.

San José, die Provinz, welche die Landeshauptstadt und den größten Anteil an Bevölkerung beherbergt ist gerade mal 4.959,636 qkm groß, hat keinen Küstenzugang und befindet sich im Süd-Westen der Metropolregion „Valle Central". Die Schlusslichter im Hinblick auf den Flächenanteil bilden Cartago (3.124,67 qkm) und Heredia (2.656,27 qkm), die aber, nach den Provinzen San José und Alajuela, immerhin die größten Anteile an Bevölkerung aufweisen (ebd.).

San José umfasst den größten Anteil an urbaner Bevölkerung, gefolgt von Heredia und Cartago, welche ebenfalls dem Valle Central zuzuordnen sind. Laut Comisión Nacional de Emergencias (CNE, s. Kap. 3.1) wächst vor allem die urbane Bevölkerung weiter an. Der prozentuale Anteil armer Bevölkerung liegt bei 18,5%, wobei darunter der städtische Anteil ca. 15,3% darstellt. In der ländlichen Region „Brunca" liegt der prozentuale Anteil an Armut bei über 30% (CNE 2010: 4). Unter „extrem arm" fallen 6,4 % (INEC 2013). Es ist anzumerken, dass große Anteile sozial-schwacher Bevölkerung in costa-ricanischen Regionen wohnen, die ein höheres Naturrisiko aufweisen (CNE 2010: 4). Dies beruht darauf, dass Grundstücke, die einer oder mehreren Naturgefahren ausgesetzt sind, erschwinglicher und deshalb für Minderbegüterte leichter erwerbbar sind; zum anderen ist es so, dass u.a. schlechte Infrastrukturen, geringe finanzielle Mittel und ein mangelhaftes Gesundheitssystem das Risiko bzw. die Vulnerabilität erhöhen.

Die Analphabetenrate liegt bei 2,4 % und es leben im Durchschnitt 3,4 Personen in einem Haushalt (INEC 2013). Die Amtssprache ist Spanisch und die Währung ist der Colón (1 USD= 549,52 CRC / 1 EUR= 731,01 CRC laut des Online-Währungsrechners Oanda, Stand: 09.07.2014). Die Armee wurde 1948 abgeschafft; die Staatsform ist eine präsidiale Republik.

In Costa Rica leben laut Instituto Nacional de Estadística y Censos de Costa Rica (INEC) insgesamt ca. 4,8 Mio. Menschen, von denen ca. 60 % in Städten unterkommen; 1,5 Mio. davon in der Landeshauptstadt San José, die eine Bevölkerungsdichte von ca. 283 Einwohnern pro qkm aufweist (INEC 2013). Im Vergleich dazu sind es in Guanacaste nur ca. 32 und in Costa Rica insgesamt ca. 84 Einwohner pro qkm. Die größte Bevölkerungsdichte konzentriert sich also auf das Landesinnere, d.h auf die große tektonische Depression (Valle Central) zwischen Puntarenas und Limón (vgl. Abb. 7). Die regionalen Unterschiede sind immens, was wiederum die Provinzen und Kantone u.a. im Hinblick auf die Anfälligkeit durch

Naturgefahren stark differenziert. In Tibás z.B., einem Kanton von San José, sind teilweise 8843 Einwohner pro qkm registriert; Talamanca (Provinz Limón) hingegen repräsentiert eine Bevölkerungsdichte von nur neun Personen pro qkm (VARGAS ULATE 2006: 161). Es stehen sich also hohe Verwundbarkeiten der Gesellschaften aufgrund hoher Bevölkerungsdichten im Valle Central und finanzschwächere Regionen gegenüber, in denen es an Infrastrukturen wie Internetzugang, Telefon usw. und einem nachhaltigen Risikomanagement mangelt.

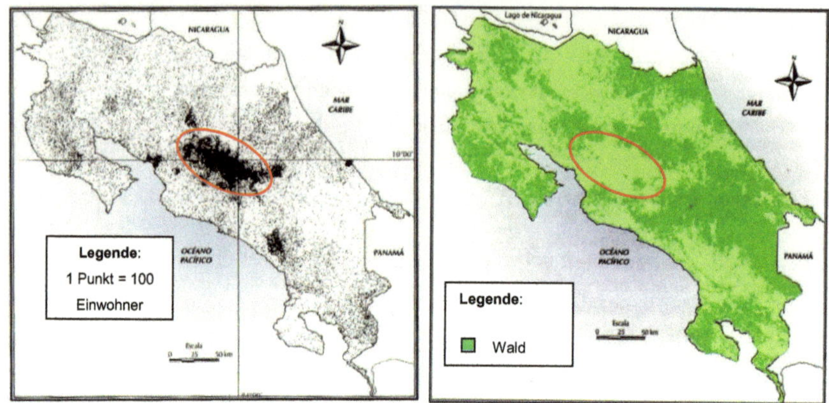

Abbildung 7: Bevölkerungsdichte & Bewaldete Flächen (VARGAS ULATE 2006: 19 & 201, eigene Übersetzungen)

2.3 Plattentektonik und Vulkanismus

Die Entstehung Costa Ricas ist auf die Interaktion dreier geotektonischer Einheiten zurück- zuführen: Die Cocosplatte, die karibische Lithosphärenplatte und die Panama-Mikroplatte (vgl. Abb. 8). Seit der Kreidezeit, also seit ca. 150 Mio. Jahren, interagieren die drei Lithos- phärenplatten; dies hat eine hohe seismische Aktivität zur Folge. Geologisch gesehen ist Costa Rica ein sehr junges Land. In dem Teil Mittelamerikas, der sich nördlich des 12°30' Breitengrades befindet, d.h. bis zum südlichen Nicaragua, kann man Gesteine finden, die aus dem Altpaläozoikum (500-570 Mio. Jahre) stammen (VARGAS ULATE 2006: 37f.). Südlich davon war nur ein Kanal vorhanden, der den pazifischen Ozean mit dem karibischen Meer verband (vgl. Abb. 9). Der Süd-Orogen, der einmal den südlichsten Teil Nicaraguas, sowie Costa Rica und Panama darstellen sollte, entstand erst in den Zeiten der Oberkreide auf- grund von vulkanischen Prozessen (ebd.).

Seit der Kreidezeit, also seit ca. 150 Mio. Jahren, interagieren die drei Lithosphärenplatten; dies hat eine hohe seismische Aktivität zur Folge. Geologisch gesehen ist Costa Rica ein sehr junges Land. In dem Teil Mittelamerikas, der sich nördlich des 12°30' Breitengrades befindet, d.h. bis zum südlichen Nicaragua, kann man Gesteine finden, die aus dem Altpalä- ozoikum (500-570 Mio. Jahre) stammen (VARGAS ULATE 2006: 37f.). Südlich davon war nur ein Kanal vorhanden, der den pazifischen Ozean mit dem karibischen Meer verband (vgl. Abb. 9). Der Süd-Orogen, der einmal den südlichsten Teil Nicaraguas, sowie Costa Rica und Panama darstellen sollte, entstand erst in den Zeiten der Oberkreide aufgrund von vulkanischen Prozessen (ebd.).

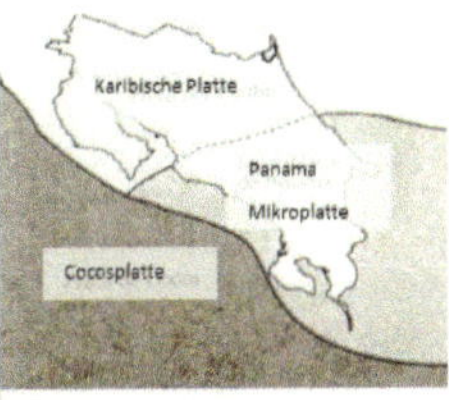

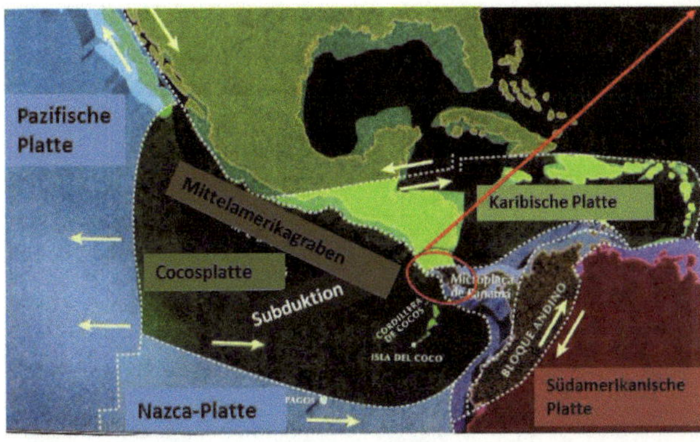

Abbildung 8: Regionale Verteilung der Lithosphärenplatten (VARGAS ULATE 2006: 36 & 39, eigene Übersetzungen und Veränderungen)

Die Cocosplatte ist eine ozeanische Platte mit einer durchschnittlichen Höhe von 15 km, die sich ca. 9 cm pro Jahr in Richtung Nordosten bewegt und von der Karibischen Platte subduziert wird (vgl. Abb. 8). Aufgrund dieser Tatsache kommt es in Costa Rica immer wieder zu Erdbeben. Zwischen 1990 und 1994 bspw. wurden laut der UCR neun Erdbeben verzeichnet, die eine Stärke zwischen 4,8 und 7,7 auf der Richterskala aufwiesen (ebd.). Jedes der Beben hatte Sachschäden oder gar den Verlust von Menschenleben zur Folge. Erdbeben stellen somit in weiten Teilen Costa Ricas eine ernstzunehmende Naturgefahr dar (s. Kap. 4.2). Innerhalb der Subduktionszone entsteht der Mittelamerikagraben, der vor etwa 15-30 Mio. Jahren zu entstehen begann und eine Tiefe von 6000 m bei Guatemala und 1000 m bei Costa Rica aufweist (VARGAS ULATE 2006: 39). Das submarine Relief der Cocosplatte hat eine gleichnamige Gebirgskette inne, die ihren höchsten Punkt über dem Meeresspiegel manifestiert: Die costa-ricanische Cocos-Insel. Dadurch, dass sich die schwere ozeanische Cocosplatte unter die kontinentale Karibische Lithosphärenplatte schiebt, kommt es im Bereich des Plattenrandes der Oberplatte zur Obduktion, d.h. zur Bildung eines Akkretionskeils aus erodiertem und aufgeschobenem Material.

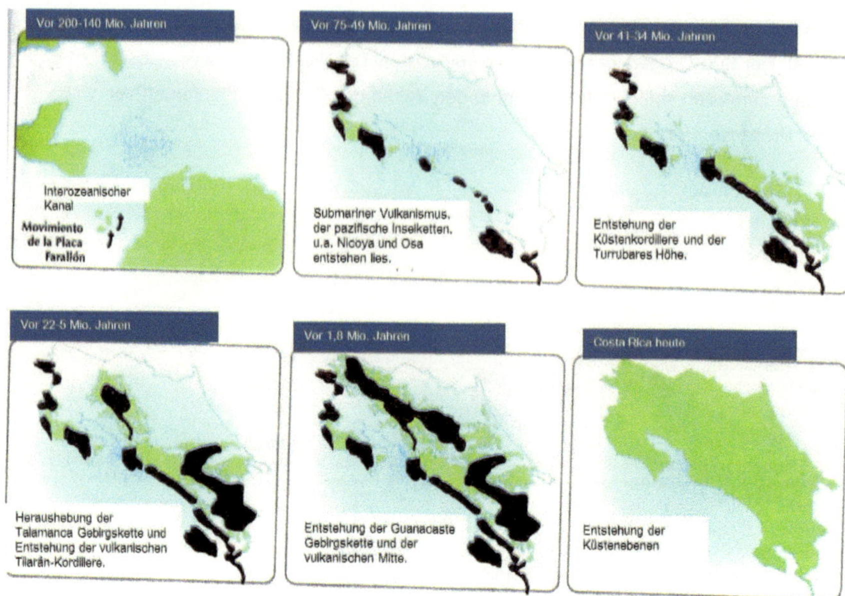

Abbildung 9: Entstehung Costa Ricas (VARGAS ULATE 2006: 43, eigene Übersetzung)

Im Bereich der Asthenosphäre kommt es durch freigesetztes Wasser der subduzierten Platte zu steigendem Druck und hohen Temperaturen, sowie zur Bildung von Magma durch Teilaufschmelzung (Anatexis) (VARGAS ULATE 2006: 39f.).

Durch diese tektonisch-vulkanischen Prozesse konnte der mittelamerikanische Süd-Orogen entstehen. Erst entstand eine Inselkette im pazifischen Litoral, große Teile der Nicoya Halbinsel im Norden Costa Ricas und der Osa-Halbinsel im Süden mitinbegriffen (vgl. Abb. 9). Nach und nach bildeten sich die anderen vier vulkanischen Gebirgszüge heraus (vgl. Abb. 9 u. 10).

Die karibische Küstenebene gehört zum geologisch jüngsten Teil Costa Ricas (VARGAS ULATE 2006: 43).

112 Vulkane gestalten das costa-ricanische Relief, von denen fünf aktuell aktiv sind (s. Kap. 3: Abb. 10) (VAN DER LAAT 2012).

Vor allem der Vulkan Arenal soll hinsichtlich der Hazardforschung in einem nachfolgenden Kapitel genauer betrachtet werden (s. Kap. 4.3).

3. Hazardforschung

Hazardforschung ist ein weitgefächerter Begriff. Die Perspektive der Naturwissenschaftler gegenüber Humangeographen ist differenziert zu betrachten.

Während „die Physische Geographie [...] die Prozesse in der Natur [betrachtet], die z. T. sehr langfristig sind und Jahrtausende umfassen können, und [bevorzugt abgelaufene Ereignisse als Beispiele] analysiert, die besonders gut untersuchbar sind [zeigt sich d]ie Humangeographie hingegen [...] an Aktualität interessiert, nahe am Hazardereignis, und sie hat Phänomene im Auge, deren gesellschaftliche Relevanz unmittelbar zu greifen ist, weil es ihr in erster Linie um die Verletzbarkeit der Gesellschaft geht" (POHL und GEIPEL 2002: 4).

Nach POHL und GEIPEL (2002) folgt die Physische Geographie also dem Positivismus, welcher eine wissenschaftstheoretische Grundannahme der quantitativen empirischen Sozialforschung beschreibt.

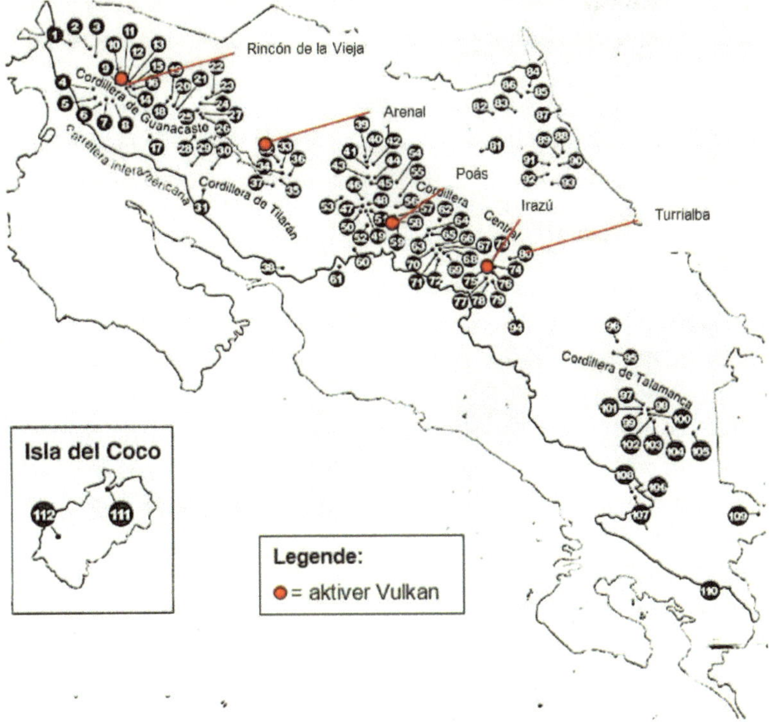

Abbildung 10: Die 112 Vulkane Costa Ricas (Barquero und Sáenz 1987, zit. nach VAN DER LAAT und OVSICORI 2012, eigene Übersetzung und Veränderung)

Die auf dem Positivismus basierende Annahme beschreibt, dass empirisch erhobene Fakten zu einer Erkenntnis führen sollen: „[Die] logische[...] Form der Beziehung zwischen wissenschaftlicher Erkenntnis und den Tatsachen" (MEIER KRUKER und RAUH 2005: 8). Der Positivismus basiert auf den Formulierungen der Wissenschaftler des sog. Wiener Kreises aus den 1920ern und 1930ern (ebd.).

Humangeographen sind demnach Konstruktivisten, die infrage stellen, dass man *eine* Theorie entwickeln kann, wenn die Welt, in der wir uns befinden, dermaßen subjektivistisch ist. Die Idee hinter dem Konstruktivismus ist, den Sinn sozialen Handelns verstehen und letztendlich erklären zu können, ausgehend von der „konkreten Sinneserfahrung" (MEIER KRUKER und RAUH 2005: 23).

Die Mensch-Umwelt-Beziehung rückt nach POHL und GEIPEL (2002) immer weiter in den Vordergrund, ist aber hinsichtlich der Forschungsfelder und Herangehensweisen überaus heterogen.

Diese schriftliche Ausarbeitung stellt eine *physisch-geographische* Analyse und Bewertung von Naturgefahren und Naturrisiken in Costa Rica dar, die aber dem Sinn des sozialen Handels und der Vulnerabilität der Gesellschafft ebenfalls Beachtung schenken soll, da nicht nur die physischen Phänomene, sondern ebenso die Gesellschaftsstrukturen bedeutsam sind:

> „Das Risiko eines Landes, Opfer einer Katastrophe zu werden, wird nicht allein durch seine Exposition gegenüber Naturgefahren bestimmt, sondern maßgeblich auch durch das Entwicklungsstadium der Gesellschaft" (Bündnis Entwicklung Hilft 2013: 6).

In Costa Rica ist die Hazardforschung äußerst relevant, da das Land aufgrund seiner geographischen Lage und der jungen geologischen Formationen Naturgefahren wie Erdbeben, Vulkanausbrüchen, Hurrikanen, Überschwemmungen, Dürren, Erdrutschungen, Hurrikanen und Tsunamis ausgesetzt ist (VARGAS ULATE 2006: 223).

Zwischen 1970 und 2004 wurden 3967 Naturereignisse in Costa Rica registriert, wobei nur 20%, d.h. 793 Fälle, *große* Ereignisse darstellten, d.h. Ereignisse, die eine große geographische Ausdehnung aufwiesen, oder schwere Schäden verursachten. Bei 80% der Fälle spricht man von *kleinen* Ereignissen, bei denen die Schäden nur in akkumulativer Form spürbar wurden, wie z.B. korrosive Schäden aufgrund sauren Regens, verursacht durch die Gase des Vulkans Poás (VARGAS ULATE 2006: 224).

93,1% der 3967 Naturereignisse, die zwischen 1970-2000 auf irgendeine Weise Schäden hinterließen, gehen auf Überflutungen (50%), Erdrutschungen (18,6%), Dürren (12,7%), Stürme (7,2%) und Erdbeben (4,6%) zurück (ebd.). 27,7% der Aufzeichnungen sind der Provinz San José, welche den größten Bevölkerungsanteil beherbergt, zuzuordnen, gefolgt von

Guanacaste (17,4%), Limón (13,7%), Cartago (13,3%) und Alajuela (10,6%). Die Schluss-lichter in Bezug auf das Vorkommen von Naturkatastrophen bilden Puntarenas und Heredia (11,5%) (ebd.).

Die Weltbank schätzte im Jahre 2005, dass sich 77,9% der costa-ricanischen Bevölkerung und 80,1% des BIP des Landes dauerhaft in Bereichen aufhält, in denen das Risiko aufgrund mehrerer Naturgefahren hoch ist (Banco Interamericano de Desarrollo 2006: 10f., zit. nach CNE 2010: 5).

Die Bevölkerung in hazardgefährdeten Räumen wächst weiter an, als auch der (Öko)-Tourismus, welcher der außergewöhnlich hohen Biodiversität Costa Ricas entspringt. Auch in dieser immer stärker arbeitsteilig organisierten Welt, in der Technik entwickelter und wich-tiger wird, werden Störungen wie ein Stromausfall künftig inakzeptabler, ganz zu schweigen von großen Naturkatastrophen. Es bedarf langfristigen (kulturellen) Anpassungsleistungen (*adaptations*) und technischen Maßnahmen (*adjustments*), welche mittels der Hazardfor-schung definiert oder akzentuiert werden können (POHL und GEIPEL 2002: 6).

3.1 Institutionen und Hazardmonitoring

Verschiedene Institutionen sind innerhalb der Hazardforschung in Costa Rica relevant.

Die Comisión Nacional de Prevención de Riesgos y Atención de Emergencias (CNE) ist eine nationale Kommission für Risikoprävention und Notfallhilfe (*Emergency Response*). Sie ist die führende öffentliche Institution in Bezug auf die Koordinierung der Präventionsarbeit hin-sichtlich Gefahrensituationen, Schadensbegrenzung und Reaktion auf Notfälle, d.h. nach dem Eintreten einer Naturkatastrophe. Die CNE ist ein dezentraler Körper, aber stets mit der Präsidentschaft der Republik verbunden. Im Jahre 2006 hat das Land einen nationalen Plan (Gesetz Nr. 8488 des Artikels 7) für das Risikomanagement in den Jahren 2010-2015 verab-schiedet, der den strategischen Rahmen für die politische Umsetzung des Risikomanage-ments darstellt und der eine Reihe von Lücken in den bisherigen Rechtsvorschriften windet. Der Plan (Plan Nacional para la Gestión del Riesgo: PNGR) ermöglicht es der CNE die ge-samte Koordinierung des nationalen Systems für Prävention und Notfall in die Hand zu neh-men, d.h. auch Ausnahmezustände zu organisieren und die Zusammenarbeit und Kommunikation mit lokalen Komitees hingehend Staats- und Präventionsmaßnahmen zu fördern. Die Verringerung der Vulnerabilität, der Schutz des menschlichen Lebens und das Wohlergehen der Bürger(innen) des Landes stehen im Vordergrund. Die Verringerung der Verwundbarkeit durch z.B. Vorschriften bezüglich Baumaßnahmen und Bekämpfung der Armut ist Bestandteil des Plans. Der Sitz der CNE ist in San José, der Hauptstadt Costa Ri-cas. Die Homepage der CNE (http://www.cne.go.cr) bietet Informationen zu „Bildung und Beratung", „Katastrophenschutz", „Emergency Care", oder auch „Überwachung der Naturge-fahren" etc. Unter anderem können hier rund um die Uhr Life-Aufnahmen der aktiven Vulka-ne Turrialba und Poàs angesehen werden. Das Dokument "Semáforo Volcanico" (dt.

„Vulkanampel") steht an gleicher Stelle frei zur Verfügung, womit man die verschiedenen Warnstufen im Falle eines Vulkanausbruches vor Augen hat (vgl. Abb. 11). Zu jedem Monat des Jahres gibt es eine Aktualisierung der „Vulkanampel", wobei sich die aktualisierten Dokumente nicht inhaltlich, sondern nur gestalterisch unterscheiden. Die CNE ist mit unterschiedlichen Einrichtungen, wie der Universidad de Costa Rica (UCR), der ältesten Universität Costa Ricas, verlinkt. Die UCR veröffentlicht eine minütlich aktualisierte Übersicht über die Bewegungen im Untergrund in semi-Echtzeit. Eine Überwachung der seismischen Aktivitäten und eine bessere Risikoprävention sind dadurch gewährleistet. Ein Projekt der UCR nennt sich „Información científica y tecnológica al servicio de la prevención y mitigación de desastres" (PREVENTEC). Wissenschaftliche und technologische Informationen werden im Rahmen dieses Projektes zugunsten der Risikoprävention gesammelt und verbreitet. Seit Ende 2013 läuft u.a. ein Programm zur Aufklärung über Tsunamis an Schulen in Küstenorten (PREVENTEC 2013).

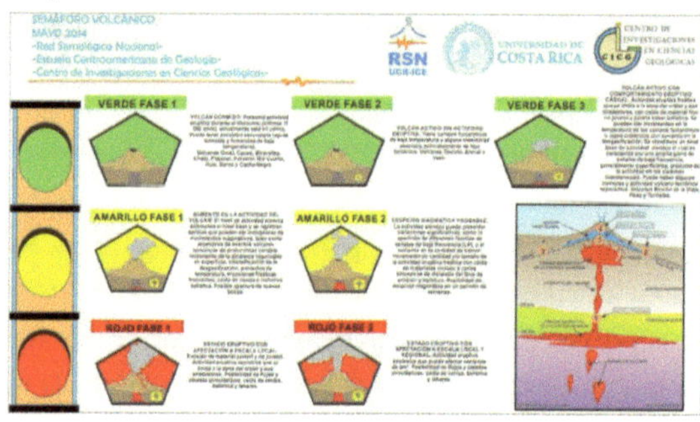

Abbildung 11: Vulkanampel mit verschiedenen Phasen eines aktiven Vulkans (CNE, Mai 2014)

Auch das Red Sismológica Nacional (RSN), oder das Centro de Investigaciones en Ciencias Geologicas (CICG) und ausländische Einrichtungen wie der Servicio Geológico de los Estados Unidos (USGS), ein geologischer Service der Vereinigten Staaten, sind unmittelbar mit der CNE verbunden. So wurden bspw. die Life-Kameras, die die beiden aktiven Vulkane rund um die Uhr filmen, von der USGS gestiftet (CNE 2014).

Auf der Homepage der CNE sind ebenfalls ständig aktualisierte Flut-Ebbe Prognosen einsehbar, Satellitenbilder Costa Ricas und Wettervorhersagen des Instituto Meteorologico Nacional (IMN) und ein stets aktueller Einblick in die vergangenen seismischen Aktivitäten bzw. Beben (vgl. Abb. 12). Es geht hervor, welche Beben in der letzten Woche und am Tage aufgezeichnet wurden und mit welcher Stärke. Das chronologisch aktuellste Erdbeben, welches von den Seismographen des RSN wahrgenommen werden konnte, wird rot hervorgehoben. In diesem Beispiel (Stand 09.07.2014) fand es um 12:57 Uhr, mit einer Magnitude von 3 Mw, 33 km südwestlich der Osa Halbinsel, mit einer Tiefe von 5 km statt (RSN).

Das Observatorio Vulcanológico y Sismológico de Costa Rica (OVSICORI) stellt der Öffentlichkeit eine Historie der vergangenen Erdbeben in Costa Rica tabellarisch zur Verfügung. Das OVSICORI ist ebenfalls mit der CNE verlinkt, ist aber der Universidad Nacional (UNA) zugehörig. Man hat über die Homepage der CNE direkten Zugriff auf die Dokumentation des OVSICORI. Es wurden z.B. im Mai drei Erdbeben mit Magnituden zwischen 3,5 und 6,8 Mw samt Herkunft, Tiefe, Zeit, Koordinaten und genauem Ort verzeichnet. Im Juni waren es zehn Beben mit Stärken zwischen 3,3 und 5,6 Mw (OVSICORI). Eine Karte mit dem genauen Ort eines Bebens steht innerhalb der Tabelle ebenfalls zur Verfügung. Des Weiteren gibt das Centro de Investigación en Ciencias del Mar y Limnología (CIMAR), der UCR zugehörig, Aufschluss über die momentanen und historischen Meeresströmungen, Temperaturen, Ebbe-Flut-Zyklen und hält diverse Animationen zum Herunterladen bereit.

Anhand einer Karte kann man die gewünschte Region auswählen, zu der man Informationen erhalten möchte.

Abbildung 12: Seismische Aktivitäten zwischen dem 02.07.-09.07.2014 (CNE / RSN, 09.07.2014)

Das Programa de Naciones Unidas para el Desarrollo (PNUD), was 1966 veröffentlicht wurde, ist ein Programm der Organisation der Vereinten Nationen (ONU) und findet auch in Costa Rica Anwendung. Das Programm impliziert Inhalte, die für die CNE von großem Interesse sind, wie z.B. die Verminderung sozialer Disparitäten und Armut. Die CNE orientiert sich am PNUD, welches für die vulnerabelsten Nationen der Erde aufgesetzt wurde und bei einer nachhaltigen anthropogenen Entwicklung assistieren soll. PNUD Costa Rica will in Zusammenarbeit mit der CNE eine Anpassung dieser thematischen Richtlinien zur nationalen Realität machen. Darunter fällt u.a. die Verringerung der Armut, Ungleichheit und soziale Ausgrenzung, demokratische Regierungsführung, Umwelt-, Energie- und Risikomanagement sowie *Human Development*.

Zusammenfassend kann man hervorheben, dass die zuvor genannten Organisationen der besseren Risikoprävention bzw. dem Katastrophenschutz dienen, und der Bevölkerung eine Art Risikomanagement ermöglichen. Die CNE verwirklicht eine Strategie, um Fortschritte beim Aufbau einer größeren Widerstandsfähigkeit der Bevölkerung bei Katastrophen herbeizuführen.

Es ist anzumerken, dass die Öffentlichkeit nur über das Internet Zugriff auf viele Daten hat, was wiederum eine soziale Debatte entfacht; nicht jeder hat Internetzugang, vor allem die sozial Schwächeren des Landes, was wiederum deren Vulnerabilität vergrößert. Außerdem gibt es des Öfteren Probleme beim Öffnen der Homepage der CNE; die Seite wird nicht ordnungsgemäß geladen oder lässt sich überhaupt nicht öffnen.

Hazardmonitoring ist unerlässlich, obwohl Überwachung nicht immer eine Minderung des Schadensausmaßes herbeiführen kann. Ein Erdbeben kann hinsichtlich seiner Stärke zwar aufgezeichnet und gemessen werden, vielleicht auch kurzfristig vorhergesagt, eine Verhinderung des Eintritts ist jedoch ausgeschlossen.

3.2 Naturgefahren, Naturereignisse und Naturkatastrophen

„Während die Katastrophe zeitpunktbezogen ist, weist der Ausdruck *Hazard* auf diesen Prozesscharakter hin. Oft wird der Terminus *Hazard* mit „Naturgefahr" oder „Naturrisiko" übersetzt [...]. [D]ie Physische Geographie [versteht] grundsätzlich unter „Gefahr" [...] die potenzielle Möglichkeit, dass ein Prozess im Bereich der Atmosphäre oder anderswo sich so entwickelt, dass das labile Gleichgewicht in diesem Bereich der Natur kippt" (POHL und GEIPEL 2002: 2).

Costa Rica gehört zu einer „Multihazardregion" (FUCHS 2002: 20). Die Weltbank traf 2005 die Aussage, dass 36,8% der Gesamtfläche Costa Ricas von mindestens drei Naturgefahren, wie Vulkanausbrüchen, Erdbeben, Hochwasser, Tsunamis, Stürme, Erdrutschungen, oder Dürren bedroht wird (vgl. Abb. 13) (Banco Interamericano de Desarrollo 2006: 10f., zit. nach CNE 2010: 4). Bei Eintritt können diese Naturereignisse zu einer Bedrohung von Mensch, Umwelt, Vermögens- und Sachwerten führen. Diese Gefahr, auf die der Mensch hinsichtlich der Eintrittswahrscheinlichkeit wenig Einflussmöglichkeit hat, wird durch das Zustandekommen von Schäden (Tote oder Verletzte, immaterielle oder wirtschaftliche Schäden) zur Katastrophe. Nach POHL und GEIPEL (2002: 2) ist die Katastrophe Resultat eines „auslösenden Ereignisses"; mit anderen Worten ist eine Katastrophe das „Produkt eines *Hazards*" (POHL und GEIPEL 2002: 5).

WISNER et al. (2004) zufolge „ereignet sich eine Naturkatastrophe (disaster), wenn verwundbare Menschen einer Naturgefahr (Hazard) ausgesetzt sind und dadurch ihr Lebenssicherungssystem (livelihoods system) so in Mitleidenschaft gezogen wird, dass sie sich ohne fremde Hilfe nicht mehr davon erholen können […]" (zit. nach GEBHARDT et al. 2007: 811).

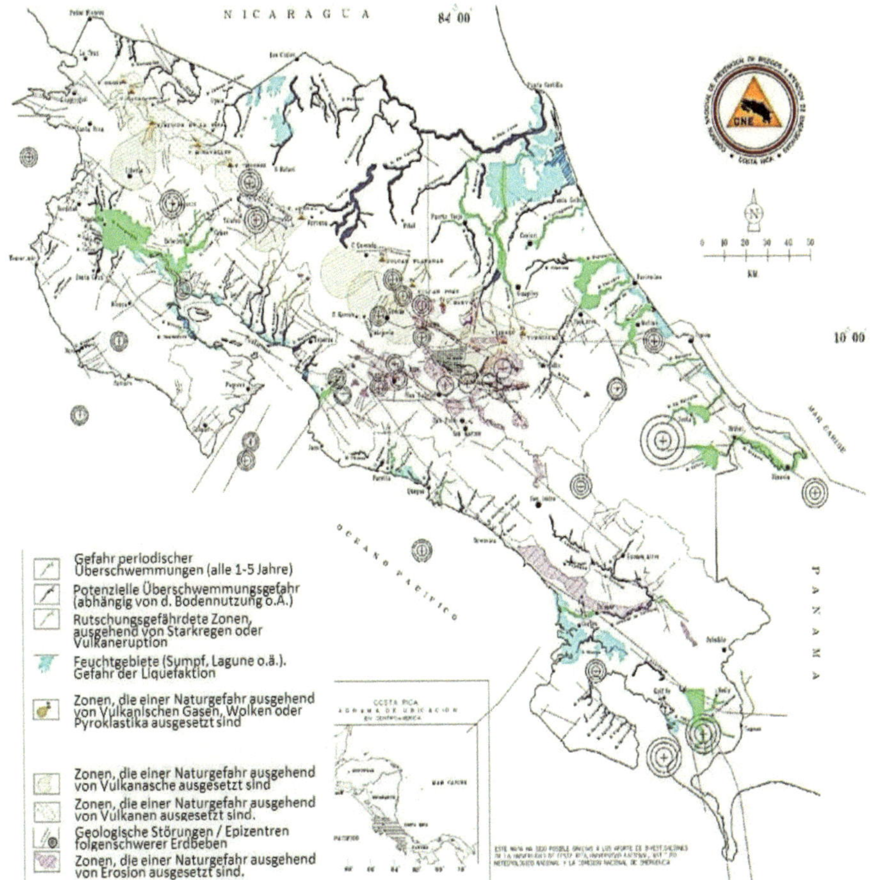

Abbildung 13: Örtliche Erfassung von Naturgefahren in Costa Rica (CNE o.J., eigene Übersetzung / Veränderung)

Naturkatastrophen, wie der Vulkanausbruch des Irazú 1962-1963, bei dem Asche große Schäden anrichtete, sowie Dürren von 1982, 1987, 1990 und auch die des aktuellen Jahres 2014 in Guanacaste, als auch Hurrikan Fifí im Jahre 1974, Hurrikan Juana 1988 und Mitch von 1998, prägen Costa Rica, und doch werden immer wieder Warnstufen oder Unwettervorhersagen ignoriert und Gebiete, die als „riskant" eingestuft werden, besiedelt. Viele Be-

23

wohner des Vulkan Arenal Einzugsgebietes ließen sich im nahegelegenen Ort La Fortuna nieder, weil sie einer touristischen Tätigkeit nachgehen und La Fortuna, u.a. aufgrund des aktiven Vulkans, eines der beliebtesten Ziele in Costa Rica für Touristen ist. Diese Menschen, die sich in unmittelbarer Nähe des aktiven Arenal Vulkans aufhalten oder gar wohnen, unterziehen sich einem hohen Risiko, denn das etwaige Ausbrechen des Vulkans birgt eine Naturgefahr. Das Naturereignis kann zu einer Naturkatastrophe werden, da Verluste von Menschenleben und Sachschäden zutage treten können, wie es 1968 bezogen auf den Vulkan Arenal, der Fall war (s. Kap. 4.3) (OVSICORI und UNA 2014).

Droht das Eintreten eines Naturereignisses, wie z.B. einer Mure, in unbesiedelten Teilen des Talamanca-Regenwaldes, spricht man nicht von einer Naturgefahr, es sei denn es entstehen wirtschaftliche Schäden für den Grundbesitzer, z.B. durch den Verlust von wertvollen Bäumen.

Überschwemmungen, Stürme und Dürren stellen meteorologische Naturereignisse dar, während zu den geologischen Naturereignissen alle endogenen Prozesse wie Vulkanausbrüche und Erdbeben subsumiert werden. Auf biologische Naturereignisse soll nicht weiter eingegangen werden, da diese Arbeit hauptsächlich auf geographischer Thematik beruht.

In Costa Rica überwiegen meteorologische Naturkatastrophen (VARGAS ULATE 2006: 224).

Nach dem Auftreten eines Naturereignisses können weiterhin Sekundärerscheinungen, d.h. Folgeerscheinungen, wie Hangrutschungen (vgl. Abb. 14), oder Tsunamis (s. Kap. 4.2) auftreten (International Strategy for Disaster Reduction United Nations (UNISDR), zit. nach FELGENTREFF und DOMBROWSKY 2008: 15).

Abbildung 14: Erdrutsch als Sekundärerscheinung nach starkem Regenfall in Costa Rica (CNE, 2014)

3.3 Naturrisiken

FELGENTREFF und DOMBROWSKY zufolge wird ein Naturrisiko als Produkt von Hazard und Vulnerabilität betrachtet: „Das Produkt aus der Naturgefahr und der Vulnerabilität bedrohter Risikoelemente" (Glade und Dikau 2001: 43, zit. nach FELGENTREFF und DOMBROWSKY 2008: 15). Mit Risikoelementen sind Menschen und Sachwerte gemeint, wobei Vulnerabilität hierbei auf die Schadensanfälligkeit der gefährdeten Menschen, sowie Risikoobjekte hinweist. Der Begriff *Risiko* impliziert demnach soziale Aspekte und verweist, vor allem in der Humangeographie, auf die Problematik menschlicher Entscheidungen. Somit involviert die Materie *Naturrisiko* auch raumplanerische Aspekte bzw. die Raumplanung berücksichtigt etwaige Naturrisiken.

Räumliche Differenzierungen sind auch in Costa Rica auszumachen. Die Anwohner der Zone rund um den aktiven Vulkan Arenal sind bspw. einem höheren Risiko ausgesetzt, als die Bewohner des inaktiven Vulkans namens Tenorio, wobei die „Arenal-Zone" wiederum in sich differenziert zu betrachten ist. Hierbei sind u.a. soziale Bezugsrahmen und gesellschaftliche Umstände zu respizieren. Armut spielt z.B. eine wesentliche Rolle hinsichtlich der Vulnerabilität und somit des Risiko-Ausmaßes (VARGAS ULATE 2006: 225).

Die Menschen begeben sich entweder nach einer mehr oder minder tiefgründigen Risiko-Nutzen-Analyse in ein *riskantes* Gebiet, oder tun dies unbewusst (POHL und GEIPEL 2002: 2).

> Wichtig ist, dass Risiko auf „innergesellschaftliche Zusammenhänge verweisen kann, dass die Angelegenheit stark vom jeweiligen sozialen Kontext abhängt und dass Menschen nicht unbedingt gleiche An- und Einsichten zu diesem Thema vertreten" (International Strategy for Disaster Reduction United Nations (UNISDR), zit. nach FELGENTREFF und DOMBROWSKY 2008: 20).

Jahrhunderte zuvor war z.B. ein Tsunami für Menschen, die ihr Heim direkt an der Küste Costa Ricas erbauten, „bloß" eine Gefahr. Heute jedoch, da vermehrt in die Forschung von Technologien zur Vorhersage von Küstenbeben bzw. Tsunamis und damit zur Verhinderung massiver Schäden investiert wird, kann man von *Risiko* sprechen (FELGENTREFF und DOMBROWSKY 2008: 20).

4. Hazards in Costa Rica, Folgeerscheinungen und Nothilfe

4.1 Stürme, Überflutungen und Erdrutschungen

Überschwemmungen sind die häufigsten Naturereignisse, die in Costa Rica Schäden verursachen. Besonders in den Küstenzonen kommt es mehrfach zu Katastrophen, bei denen u.a. Kommunen isoliert, Straßen zerstört und Industrie-, Wirtschafts-, sowie Dienstleistungssektor lahmgelegt werden können. Entweder Starkregenereignisse oder s.g. *Temporales* (mehrtägiger, eher schwacher Regenfall) können im Land den Notstand hervorrufen. Zwischen 2000 und 2012 waren es 25 Ereignisse, welche sehr große Schäden herbeiführten (VALLEJOS VÁSQUEZ et al. 2012: 23ff.).

Tendenziell kommt es zwischen September und Dezember zu den meisten hydrometeorologischen Katastrophen in Costa Rica (vgl. Abb. 15, s. Kap. 2.1).

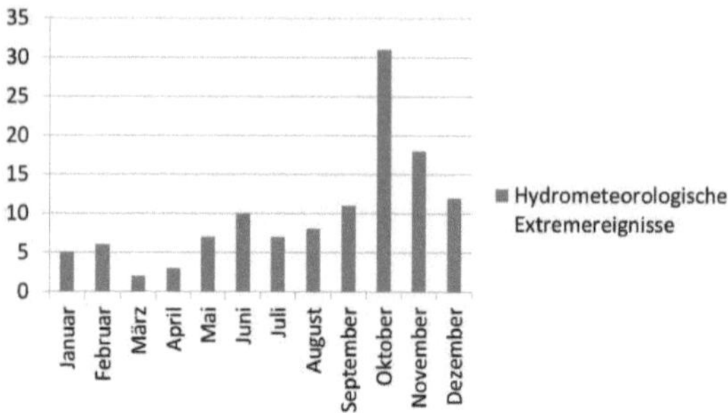

Abbildung 15: Historische, monatliche Verteilung hydrometeorologischer Extremereignisse Februar 1723 bis Februar 2012 (Eigene Darstellung, zit. nach VALLEJOS VÁSQUEZ et al. 2012: 27).

Im November 2008 berichtete die CNE über 5.000 Flutopfer in der Karibik. Die Situation wurde durch eine Kaltfront und ein Tiefdruckgebiet, welches schwere Regenfälle und Winde von 36 bis 70 mph erzeugte, verursacht. Laut CNE waren die Auswirkungen in den Kantonen Matina, Sixaola, Talamanca und Limón (Provinz Limón), Haupt Karibik-Hafen Costa Ricas, am Spürbarsten. In den am stärksten betroffenen Regionen mangelte es an der Trinkwasser- und Stromversorgung. Aus einem offiziellen Bericht geht hervor, dass mindestens 116 Gemeinden und 35 Straßen betroffen waren und dass laut IMN die angesammelte Niederschlagsmenge in der Karibik mehr als 200 mm in drei Tagen erreichte. Mit 146 mm Regen in nur 24 Stunden musste die Hafenstadt Limón fertig werden (Government of Costa Rica 2008). Lokale Organisationen wie das Rote Kreuz, das Ministerium für Gesundheit, Feuerwehr und auch freiwillige Helfer arbeiteten, um die Situation in den Griff zu bekommen. Für die Opfer wurden 68 Unterschlüpfe errichtet. Zwei Hubschrauber transportierten unverderbliche Lebensmittel, Kleidung und andere humanitäre Hilfe in die Bereiche, die durch Erdrutschungen auf den Straßen abgeschnitten wurden. Der damalige Präsident von Costa Rica, Oscar Arias Sanchez, trat im nationalen Fernsehen auf, um von der Lage in diesen Regionen des Landes zu berichten und forderte die Öffentlichkeit zu Solidarität auf: "der Schaden ist immer noch nicht definierbar, er wird aber auf jeden Fall enorm sein. Wir können den Regen nicht stoppen, aber wir können den Opfern helfen" (Sanchez 2008, zit. nach CNE 2008). Arias kündigte an, dass er samt Regierungsdelegation versuchen würde, den Schaden zu beurteilen, um anschließend eine Notverordnung zu mobilisieren. Diese "Alarmstufe Rot", die 2008 in der Karibik Costa Ricas ausgerufen wurde, ist keineswegs ein Einzelfall.

Solche Überschwemmungen, die auch aktuell die Karibik heimsuchen (Stand: Juli 2014), können immense finanzielle Schäden zur Folge haben, als auch Menschenleben kosten. Laut VALLEJOS VÁSQUEZ (et al. 2012: 23ff.) wurde im 21. Jahrhundert bereits 25-mal der Notstand aufgrund starker Regenfälle ausgerufen. In Notfallsituationen, d.h. wenn der Ausnahmezustand ausgerufen wird, sind Öffentlichkeit, autonome und halbautonome Organisationen und Unternehmen, der Staat, Kommunen, sowie andere Unternehmen oder öffentliche Einrichtungen dazu berechtigt Beiträge, Spenden und Überweisungen zur Verfügung zu stellen oder anzunehmen, um Unterstützung zu leisten (ebd.). Nothilfemaßnahmen nach dem nationalen Notfallplan (Gesetz Nr. 8488) unterteilt die Katastrophenhilfe in drei Phasen: Reaktionsphase, Phase der Rehabilitation und Phase des Wiederaufbaus.

Stürme können in Costa Rica Katastrophen verursachen. Zwischen Hurrikanen und Tropenstürmen wird vor Ort wie folgt differenziert:

Ein Hurrikan ist als ein meteorologisches Phänomen der unteren Atmosphäre definiert, das gigantische trichterförmige Wirbel aufweist. Ein Hurrikan kann einen Durchmesser von etwa 1000 km und eine Höhe von 10 km erreichen, sowie Winde mit einer Geschwindigkeit von über 200 km/h erzeugen und Böen von bis zu 400 km/h. Schwere Regenfälle sind Teil dieser Erscheinung. Wenn hingegen von einem tropischen Zyklon mit geschlossen Isobaren und Windgeschwindigkeiten bis 200 km/h die Rede ist, so nennt man das Extremereignis Tropensturm (VALLEJOS VÁSQUEZ et al. 2012: 15).

Doch nicht nur meteorologische (Extrem)-Ereignisse, wie Hurrikane, tropische Depressionen, Kaltfronten o.ä., sondern auch menschliches Nutzungsverhalten spielen eine wesentliche Rolle im Hinblick auf die Naturgefahren, die aus Stürmen, Überflutungen und Erdrutschungen hervorgehen. Das anthropogene Nutzungsverhalten kann das Risiko erhöhen; so führt bspw. Waldschwund zu Erosion oder eine Straße, aufgrund ihrer Bauweise, zu Stauungen und Überschwemmung (VARGAS ULATE 2006: 225).

Außergewöhnlich starke Naturereignisse in Form von Stürmen, die auf verschiedene Weise Schäden verursachten, sind u.a. der Hurrikan Mitch, Gilbert, Juana und Andrés. Besonders die zweite Hälfte des Jahres 2005 erwies sich als außergewöhnlich stürmisch; alle 21 „Sturm-Namen", die das IMN für das Jahr festgelegt hatte wurden aufgebraucht, sodass man neue Bezeichnungen mit Buchstaben des griechischen Alphabets nutzen musste. Dies geschah zuletzt vor 23 Jahren. In den Küstenregionen des Pazifiks waren die Hurrikane Rita, Stam, Wilma und der Tropensturm Alpha, die ebenso 2005 zutage traten, besonders ausschlaggebend. Diese meteorologischen Extremereignisse veranlassten wiederum eine Zunahme der Niederschlagsmenge um 65%. Überschwemmungen in den niedrigsten Regionen über NN, wie Filadelfia, Santa Cruz, Nicoya und Hojancha (Guanacaste), als auch in Quepos und Parrita (Zentralpazifik) waren Folgeerscheinungen.

In sehr stürmischen und regenreichen Monaten, wie z.B. im Oktober (vgl. Abb. 16) kann es zu einem Uferübertritt der Fließgewässer kommen, besonders in niedrig gelegenen Gebieten. Das liegt einerseits daran, dass das Regenwasser flussabwärts vom Gebirge gen Küstenregionen fließt, andererseits sind Extremereignisse in den schwülwarmen Küstenzonen ausschlaggebend. Auch anthropogenes Nutzungsverhalten der Böden ist ein Faktor, der eine Überschwemmung begünstigen kann.

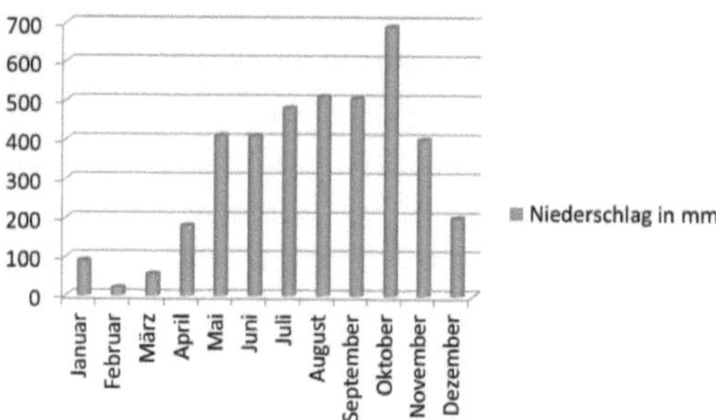

Abbildung 16: Monatlicher Niederschlag in mm 1945-2008. Finca Bartolo, Aguirre (Zentralpazifik). Geographische Breite: 09°25` / Länge: 84°06` (Eigene Darstellung, zit. nach IMN 2014: 23)

Im November 2010 z.B. wurden weite Teile der Zentralpazifik-Siedlungszone überflutet und hohe Schäden verursacht. Erdrutschungen als Sekundärerscheinung der Starkniederschläge kosteten in Chitaría (Santa Ana, San José) 24 Menschen das Leben (CNE 2010, vgl. Abb. 17); ein Beweis dafür, dass nicht nur Küstengebiete von heftigen Regenfällen betroffen werden, sondern auch Zonen im Valle Central. Besonders Gebiete in unmittelbarer Nähe von Steilhängen sind gefährdet. Obwohl während der andauernden Regenfälle (z.T. fünf Tage pausenlos) im November 2010 viele Menschen in weiten Teilen des Landes evakuiert werden sollten, weigerten sich etliche Anwohner ihre Häuser zu verlassen. Mitarbeiter oder Vertreter der CNE klopften persönlich an die Türen derer, die in unmittelbarer Nähe „erdrutschgefährdeter" Zonen wohnten (eigene Erfahrung vor Ort 2010). In einigen Häusern gab es eine Zusammenkunft und Lagebesprechung derer, die in jenen krisengefährdeten Gebieten wohnten. Die CNE forderte dazu auf, diese Bereiche augenblicklich zu verlassen, da durch Starkregenfälle Erdrutschungen drohten. In Quepos (Zentralpazifik) verließen wenige Betroffene ihr Heim, obwohl sie ein paar Tage zuvor Zeugen des Unglücks in Chitaría wurden. Evakuierte Personen kamen in s.g. Albergues (*shelters*) unter und wurden von der CNE hinsichtlich Schlafplätzen und Verpflegung betreut.

Abbildung 17: Erdrutsch von Chitaría, Santa Ana, am 03. November 2010 (CNE 2010).

Im Jahre 2004 wurden 110 Erdrutschungen registriert, von denen 81 (74%) kein Produkt von Extremereignissen darstellen. 30% der Vorfälle ereigneten sich in San José, 20% in Alajuela, 21% in Cartago, 12% in Puntarenas und 1% in Guanacaste, der aridesten Provinz (vgl. Abb. 18). In Heredia und Limón traten dreizehn Hangrutschungen zutage, von denen neun in unmittelbarer Nähe der Schnellstraße namens Carretera Braulio Carrillo (Route 23) passierten (VARGAS ULATE 2006: 225). Diese Tatsache untermauert, dass der Einfluss des Menschen nicht zu unterschätzen ist; Erosion ist nur eine Konsequenz von vielen.

Im Jahre 2004 gab es 181 Überschwemmungsereignisse; 70% davon geschahen unabhängig von einer hydrometeorologischen Extremerscheinung. 39% dieser Überschwemmungen wurden in der Provinz von San José, 17% in Alajuela, 16% in Limón (Karibik), 13% in Puntarenas, 12% in Heredia und 3% in Cartago registriert (VARGAS ULATE 2006: 225). Es scheint, dass Überschwemmungsereignisse in der Provinz Guanacaste direkt an Extremereignisse, wie z.B. Hurrikane, Tropenstürme o.ä. gekoppelt sind. Guanacaste ist die Region, in der es am häufigsten zu Dürreerscheinungen kommt und in der seit Beginn der Aufzeichnungen die geringste mittlere Niederschlagsmenge pro Jahr erfasst wurde (vgl. Abb. 18).

Außerhalb von Guanacaste beruhen die Überflutungen auf dem direkten Einfluss des Regens und bedingt durch ein schlechtes anthropogenes Bodenmanagement. Die Raumplanung und Landnutzung provozieren den Eintritt einer hydrometeorologischen Naturkatastrophe in den genannten Provinzen. Im selben Jahr (2004) wurden 346 Behausungen beschädigt, von denen sich acht als unbewohnbar entpuppten (ebd.). Auffällig ist, dass sich die meisten Überflutungsereignisse in Regionen ereignen, in denen die größte Bevölkerungsdichte vorliegt, wie es in San José, Goicoechea, Alajuela, San Carlos, Golfito, Heredia, Limón und Siquirres der Fall ist. Das bedeutet, dass diese Kantone besonders vulnerabel im Hinblick auf Überschwemmungen sind. Die restlichen 30% der 181 Überschwemmungsereignisse, die sich 2004 zugetragen hatten, waren Sekundärerscheinungen des Hurrikans namens Michelle und Starkniederschläge eines tropischen Tiefdruckgürtels, der Ende November ganz Zentralamerika heimsuchte (VARGAS ULATE 2006: 225).

23% der gesamten Überflutungen gehen auf Probleme des städtischen Abwassersystems, Einengung von Bächen und Flüssen, die Art von Material und Verlauf von Abwasserkanälen und auf schlechte Gewohnheiten der Bevölkerung in der Abfallwirtschaft zurück (ebd.).

Neben den Katastrophen, die durch Extremereignisse in Form von Starkregen hervorgerufen werden, existieren auch Dürre-Katastrophen, die fast ausschließlich dem primären Sektor im Nordwesten des Landes wirtschaftlichen Schaden herbeiführen.

Das Aw-Klimat an der nördlichen Pazifikküste, welches durch den Lee-Effekt zustande kommt (s. Kap. 2.1), führt mindestens einen Monat mit weniger als 60 mm Niederschlag herbei, was negative Auswirkungen auf Flora, Fauna, Wasserversorgung und Ernte haben kann. Aktuell (Stand: Juli 2014) herrscht Dürre in Guanacaste; ca. 13.000 ha Land und tausende Rinder sind betroffen.

Abbildung 18: Mittlere jährliche Niederschlagsmenge (VARGAS ULATE 2006: 129)

Im Juli 2014 wurden keine Niederschläge verzeichnet. Eine vergleichbare Trockenperiode kam schon seit 75 Jahren nicht mehr vor (GUERRERO 2014). Ursache ist das El Niño-Phänomen, welches zuvor starke Niederschläge in der Karibik evozierte (Stand: Juli 2014). El Niño konnte aufgrund der extraordinären Erwärmung des Meeresoberflächenwassers ab Februar 2014 vorhergesagt werden. Eine solche Temperaturanomalie gab es nur in den Jahren 1982 und 1997 (IMN 2014: 28). Auch durch die kurzfristige Vorwarnung ließen sich große Schäden durch Starkniederschläge in der Karibik, als auch die Dürrekatastrophe am Nordpazifik, nicht verhindern.

4.2 Erdbeben und Tsunamis

Im Jahr 2009 gab es laut OVSICORI etwa 6000 Erdbeben in Costa Rica, von denen knapp 100 für den Seismographen spürbar waren; 22 davon haben Schäden verursacht und ein Beben hatte schwerwiegende Folgen, welches im Laufe dieses Kapitels näher betrachtet werden soll. Hinsichtlich der „spürbaren" Erdbeben ergibt das im Jahre 2009 einen Durchschnitt von 8,3 Erdbeben pro Monat (DUARTE 2009: 2). Costa Rica kann hinsichtlich der seismischen Aktivitäten in drei Regionen aufgeteilt werden: Der zentrale Bereich des Landes (Valle Central), die pazifische Küste und die karibische Küstenzone. An lokalen tektonischen Verwerfungen und aufgrund des Subduktionsvorganges der Cocosplatte (s. Kap. 2.3) treten die häufigsten Beben zutage (VARGAS ULATE 2006: 70).

Tsunamis sind meist Folgeerscheinungen maritimer Erdbeben und stellen in Costa Rica eine weitere Naturgefahr dar. Die lange Küstenlinie am Pazifik, die sich nordöstlich des Mittelamerika-Tiefseegrabens erstreckt, stellt eine große Angriffslinie im Hinblick auf Tsunamis dar. Im nördlich gelegenen Nachbarland Nicaragua hatte sich 1992 ein Tsunami an der Pazifikküste ereignet (VARGAS ULATE 2006: 71f.). Laut VALLEJOS VÁSQUEZ et al. (2012: 7) kam es im Jahre 1821 zu einem Tsunami, der sich an der Karibikküste vor Limón ereignet haben soll. *Nur* rund fünfzehn kleinere Tsunamis, die Wellenhöhen von 1-3 m zur Folge hatten, wurden seit Beginn der Aufzeichnungen, d.h. ab dem 16. Jahrhundert, registriert (VARGAS ULATE 2006: 71). Trotz der fehlenden historischen Beispiele hinsichtlich großer Katastrophen in Costa Rica, die von einem Tsunami ausgehen könnten, sollte man diese Naturgefahr nicht unterschätzen. Küstennahes Siedeln ist riskant; und doch stellen die Küstenzonen beliebte Standorte für aus- und inländische Investoren dar. Die Folgen einer Tsunami sind oft verheerend und in seismisch aktiven Breiten partout in Betracht zu ziehen. Resultiert ein Tsunami aus einem Seebeben am Mittelamerikagraben, ist die Vorwarnzeit aufgrund der räumlichen Nähe zur costa-ricanischen Küste äußerst gering.

Im Folgenden werden fünf Beispiele von Naturkatastrophen, die Costa Rica zwischen 1983 und 1993 widerfuhren und deren Ursachen tektonischer Natur waren, tabellarisch veranschaulicht (vgl. Tab. 2). Die Auflistung erfolgt nach dem Grad der entstandenen Schäden, begonnen mit dem folgenschwersten Ereignis. Das schwerste Erdbeben wurde mit einer Stärke von 8,9 auf der Richterskala gemessen (Morales 1985, zit. nach VARGAS ULATE 2006: 72).

Tabelle 2: Historische Naturkatastrophen aufgrund von Erdbeben 1983-1993 (Eigene Darstellung, zit. nach Vargas Ulate 2006: 223)

Datum	Ort	Magnitude	Folgen
22.04.1991	Limón (Karibik)	7,5	50 Tote, Schäden an 12.000 Häusern, Finanzielle Verluste: ca. 965 Mio. USD.
20.12.1990	Puriscal (Valle Central)	5,8	1 Toter, Schwerwiegende Schäden an Wohnhäusern.
25.03.1990	Cóbano (Nicoya Halbinsel, Nordpazifik)	6,9	Zerstörung an Häusern, Schulen und Infrastrukturen.
03.07.1983	Pérez Zeledón	6,1	Schäden an 600 Häusern und am Krankenhaus in San Isidro.
02.04.1993	Osa und Golfito (Südpazifik)	7,3	Mäßige Schäden im Zerstörung an Häusern und Infrastrukturen in Golfito.

Ein Beben der Stärke 7,5 auf der Richterskala ereignete sich am 22. April 1991 (vgl. Tab. 2), gegen 15:58 Uhr, mit einer Tiefe von 10 km und dem Epizentrum in der südlichen Karibik Costa Ricas, zwischen Valle de Talamanca und Valle de la Estrella (VALLEJOS VÁSQUEZ et al. 2012: 13). Sekundärerscheinungen wie Hangrutschungen traten zutage, Brücken stürzten ein, Straßen waren z.T. unbefahrbar. Rund 50 Menschen verloren ihr Leben und machten das Naturereignis zu einer nationalen Katastrophe. Rund 80% des costa-ricanischen Territoriums, d.h. ca. 8000 qkm waren vom 1991er Erdbeben betroffen (ebd.). Mitinbegriffen sind u.a. Schwemmländer, Berggebiete, das Tal des Vulkan Turrialba und etwa 65 qkm Urwald, der aufgrund von Erdrutschungen verwüstet wurde. Zerstörte oder beschädigte Straßen, Eisenbahnlinien, Brücken, Häfen und Wasserleitungen führten große finanzielle Verluste für das Land herbei. Auch die Landwirtschaft, Wohnhäuser und öffentliche Gebäude erzeugten hohe Kosten. Insgesamt wird von wirtschaftlichen Verlusten von über 21.991 Millionen Colones, also rund 40 Millionen USD ausgegangen; eine unvorstellbar hohe Summe, die für Costa Rica nachhaltige wirtschaftliche Verlustgeschäfte induzierte. Es war notwendig 309 km Straße zu rekonstruieren, sowie 92 km Eisenbahnlinie (VALLEJOS VÁSQUEZ et al. 2012: 13). Aber nicht nur im Wiederaufbau waren die wirtschaftlichen Verluste des Landes begründet, sondern z.B. auch in der ausbleibenden Tourismusaktivität.

Laut den Gelologen M. Calderón, L. Linkimer und P. Ruíz (2003) wurde das Beben durch eine Hebung der Karibikküste um maximal 1,85 m, ausgelöst (ebd.). Darüber hinaus traten entlang der Küste von Bocas del Toro (Panama) Senkungen von bis zu 0,9 m auf. Ein lokaler Tsunami wurde unmittelbar nach dem Erdbeben in der südlichen Karibikküste Costa Ricas und Panamas mit Wellen bis zu 2 m beobachtet. Weitere seismische Aktivitäten folgten.

Dieses Beispiel ist ein Beweis dafür, dass Costa Rica unbedingt einem effektiven und effizienten Risikomanagement bedarf, denn die hohe seismische Aktivität dieses geologisch jungen Landes kann weitere Katastrophen herbeiführen. Wichtig ist, dass prioritäre Maßnahmen für die humanitäre Soforthilfe definiert werden, dass der Wiederaufbau der Infrastruktur organisiert und finanziert wird und u.a. Netzwerkkommunikation gewährleistet ist. Deutlich wurden die Notwendigkeit der CNE und die Dringlichkeit eines nationalen Notfallplans, der 1993 veröffentlicht wurde, um u.a. die Rolle von Regierungs- und Nichtregierungsorganisationen zu beschreiben und die künftige Positionierung der CNE festzulegen.

Nach dem Erdbeben begann die Entwicklung von regionalen und lokalen Notfallausschüssen und Bildungsprogrammen für Not-Initiativen, welche positive Ergebnisse in der Organisation des Landes erzielt haben. Im Bereich der Prävention und Vorsorge begann das Monitoring-Konzept des Karibikbeckens; ein Konzept, was anschließend auf andere Teile des Landes angewandt wurde. Z.B. wurde eine Organisation namens Technical Advisory Committees ins Leben gerufen (VALLEJOS VÁSQUEZ et al. 2012: 13).

Obwohl das Beben von Puriscal (am 20.12.1990) laut RSN *nur* eine Magnitude von 5,8 aufwies, waren die Schäden gravierender als bei dem Ereignis von 1993 mit einer Stärke von 7,3 (vgl. Tab. 3). Der Grund liegt in der Bevölkerungsdichte und in der Art des Bebens.

Intraplattenbeben kommen in Costa Rica laut CNE häufiger vor. Obwohl sie eine geringere durchschnittliche Stärke aufweisen, verursachen sie meist folgenschwerere Ereignisse im Vergleich zu Beben, die sich an den Plattenrändern zutragen (VALLEJOS VÁSQUEZ et al. 2012: 6). Dies liegt vor allem daran, dass costa-ricanische Intraplattenbeben in unmittelbarer Nähe von großen Ortschaften oder Städten geschehen, was höhere materielle und menschliche Verluste zur Folge hat (ebd.). Costa Rica bedarf deshalb unbedingt Vorgaben hinsichtlich einer erdbebensicheren Architektur (s. Kap. 5).

Zwischen 1756 und 2012 wurden rund 100 Erdbeben registriert, die leichte bis starke Verluste verursachten (VALLEJOS VÁSQUEZ et al. 2012: 6ff.).

Ein folgenschweres Erdbeben der Stärke 6,2 auf der Richterskala, bei dem die betroffene Bevölkerung auf etwa 126.000 Costa-Ricaner geschätzt wird, erschütterte 2009 die Nation (CNE 2009: 2). Das Erdbeben trat am 8. Januar 2009, südwestlich von Cinchona (Sarapiqui, Stadtteil Alajuela) zutage. Es wurden laut CNE 23 Personen getötet und mindestens 100 Menschen verletzt. Anschließende Erdrutschungen, begünstigt durch Starkniederschlag, machten viele Straßen unpassierbar und isolierten ganze Gemeinden. Eine Änderung der Morphologie des Sarapiquí-Beckens hatte das Fließverhalten des gleichnamigen Flusses verändert, sodass auch Überschwemmungen Teil der Folgeerscheinungen waren (PNUD und CNE 2011: 4). Die CNE begann unmittelbar nach dem Ereignis mit Evakuierungs- und Bergungsmaßnahmen und deklarierte die „Alarmstufe Rot" in den betroffenen Kantonen (Heredia, Barva, Santa Barbara und der Provinz Sarapiquí). Die CNE hatte erneut zur Aufgabe das Leben der Bevölkerung im öffentlichen Interesse zu schützen, um die Aufrechterhaltung der sozialen Ordnung zu gewährleisten. Bei Katastrophen, die durch höhere Naturgewalten auftreten, kann der Vorstand den Ausnahmezustand in den betroffenen Teilen des Landes ausrufen, um zusammen mit anderen Institutionen die Auswirkungen dieses Erdbebens, samt Erdrutschungen und Überschwemmungen, zu bewältigen (ebd.).

Laut Befragung einer Erzieherin eines öffentlichen Kindergartens, manifestiert sich eine Überzeugung der Costa-Ricaner darin, dass starke Erdbeben Änderungen der saisonalen- oder Wetterbedingungen zu einem bestimmten Zeitpunkt darstellen (ESQUIVEL FLORES 2014, 6:40f. Min.). Obwohl es tatsächlich Übergangsmonate sind, in denen die meisten Erdbeben (zehn im April und Dezember, seit Beginn der Dokumentierung) verzeichnet wurden (vgl. Abb. 19), sind Wissenschaftler davon überzeugt, dass die Verteilung der seismischen Ereignisse hinsichtlich der Stärke und Quantität zufällig über das Jahr hinweg gleich ausfallen kann (DUARTE 2009: 2). Dass Erdbeben ein Zeichen für den Klimawandel darstellen ist laut DUARTE (2009: 2) ein Mythos.

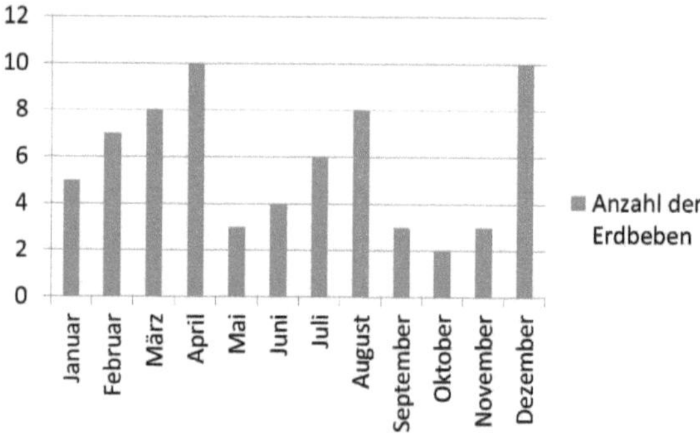

Abbildung 19: Schadenverursachende seismische Aktivitäten zwischen 1723 und 2012 (Eigene Darstellung, zit. nach VALLEJOS VÁSQUEZ et al. 2012: 12).

4.3 Vulkane

Obwohl Vulkanausbrüche den geringsten prozentualen Anteil an Naturgefahren in Costa Rica ausmachen, kann ein Naturereignis, das von einem Vulkan ausgelöst wurde, verheerende Folgen verursachen, zumal u.a. der Tourismus auch rundum die Vulkane weiter anwächst. Von den 112 Vulkanen im Land sind fünf aktiv (s. Kap. 2.3). Der Vulkan Arenal zählt neben dem Vulkan namens Rincón de la Vieja zum Aktivsten des Landes. Seit 1968 gibt er Lava und Gase an die Umgebung ab. Die Problematik des Vulkan Arenals in punkto Risikomanagement soll innerhalb dieses Kapitels eingehender skizziert werden.

Neben den seismischen Ereignissen ist auch die vulkanische Aktivität in Costa Rica an die Kollision der Lithosphärenplatten gekoppelt. Die hohe Reibung an den Plattenrändern hat eine Ausrichtung der aktiven Vulkane bzw. geologische Strukturen parallel zu dieser Kollisionszone zur Folge (s. Kap. 2.3: Abb. 8) (OVSICORI und UNA 2014).

Rincón de la Vieja, Arenal, Poás, Irazú und Turrialba, d.h. die fünf aktiven Vulkane, sind geschützte Nationalparks, was die Kontrolle über die Nutzung von Land in der Umgebung ermöglicht.

Aktuell ist dem Vulkan Turrialba (16 km nordwestlich der Hauptstadt, 3340 m ü. NN) Aufmerksamkeit gewidmet, da er im Januar 2010, nach 144 Jahren Inaktivität, wieder erwachte und ausbrach (ebd.). Ascheregen brach auf die nahegelegenen Zonen ein. Im Jahr 2012 zeigte sich der Turrialba erneut im Monat Januar sehr aktiv (VALLEJOS VÁSQUEZ et al. 2012: 33f.).

Zwischen 1723 und 2012 wurden die meisten Aktivitäten der fünf aktiven Vulkane im Monat Januar gesichtet (VALLEJOS VÁSQUEZ et al. 2012: 35), was aber auch an den klimatischen Bedingungen liegen kann, denn Januar zählt zu den aridesten und unbewölktesten Monaten in Costa Rica; dies bedeutet freie Sicht auf die Vulkane.

Der Vulkan Poás (10°18' N, 84°22' W, 2700m ü. NN), hat seit der ersten Aufzeichnung 1723 seine regelmäßige Tätigkeit beibehalten (OVSICORI und UNA 2014). Gase des Poás Vulkans (vgl. Abb. 20) verursachen auch aktuell zeitweilig saure Regenfälle, die im Bereich der Landwirtschaft laut VARGAS ULATE (2006: 223) Verluste von ca. 450.000 USD zur Folge haben. Davon betroffen ist der Kaffeeanbau, Gemüse, Weideland, aber auch die Verkehrsinfrastruktur aufgrund von Korrosion. Laut eines Hotelbesitzers, der sein Geschäft ca. 5 km vom Vulkan Poás entfernt, errichtet hat, kommen saure Regenfälle häufig vor und je nach dem Stand des Windes kann auch sein Grundstück samt Vieh betroffen werden (ESQUIVEL 2014: 1:30f. Min.).

Abbildung 20: Entweichende Gase des Vulkan Poás (Eigene Aufnahme, 24.02.2014)

Trotzdem würde es keine Touristen davon abhalten, sein Hotel aufzusuchen- im Gegenteil; viele Besucher werden, laut ESQUIVEL (2014: 5:00f. Min.), von dieser besonderen Art Risiko angezogen.

Der Irazú Vulkan (83°51'09" W, 9°58'45" N, 3432 m Ü. NN) richtete von 1963 bis 1965 große Schäden im Valle Central an. Durch den Ausstoß von Asche und Pyroklastika wurden weite Teile der Weideländer begraben. Teilweise musste Rindvieh in andere, unbetroffene Teile transportiert werden, um Folgeerscheinungen zu vermeiden (ESQUIVEL 2014: 2:40f. Min.). Große Ascheansammlungen, sowie schwere Regenfälle lösten Schlammlawinen aus, die Trümmer in kleinen Gemeinden am Stadtrand von Cartago einschließlich Todesfälle und Verletzungen zurückließen (ESQUIVEL 2014: 4:00f. Min.). Die letzte große Aktivität wurde im Dezember 1994 aufgezeichnet (ESQUIVEL 2014: 9:25 Min.). Ein Gegenstand der Sorge ist die Instabilität des gesamten Mega-Vulkans. Seine eruptive Geschichte, Größe, geographische Lage und die klimatischen Bedingungen machen den Vulkan Irazú zu einer der größten vulkanischen Naturgefahren im Hinblick auf das dichtbesiedelte Central Valley (OVSICORI und UNA 2014).

Im Tourismussektor stellen die Vulkane wiederum eine wichtige Komponente dar. Dem nachhaltigen Tourismus, der vor allem rundum die aktiven Vulkane floriert, bedarf vollste Aufmerksamkeit hinsichtlich der natürlichen Prozesse, welche die Entwicklung der Umgebung beeinflussen und andererseits den Schutz der Touristen beeinträchtigen können.

Der seit 1968 aktive Vulkan Arenal, der durch sein ikonisches äußeres Erscheinungsbild, in Form eines perfekten kegelförmigen Stratovulkans, auffällt, befindet sich 90 km nordwestlich von San José als Teil der Guanacaste Vulkankette, bei 10°29' nördlicher Breite und 84°43' westlicher Länge, 1633 m ü. NN (OVSICORI und UNA 2014). Abwechselnde Schichten von Vulkanasche und Lapilli, Lava des Aa-Typs, Aschewolken und Blöcke, charakterisieren den Arenal. In südöstlicher Richtung befindet sich der „Cerro Chato"; ein inaktiver Vulkan, der eine touristisch beliebte Lagune beherbergt. Im Juli 1968 verursachte der Vulkan Arenal eine große Naturkatastrophe (vgl. Abb. 21) (ebd.). Die Bildung von mindestens 4 Seitenkratern hatte eine Reihe von Explosionen zur Folge, die Urwald und einige Gemeinden, die sich in der Umgebung befanden zerstörten. Rund 90 Menschen starben und die Materialverluste waren immens. Die Aktivität hat der Stratovulkans seitdem beibehalten (OVSICORI und UNA 2014).

Abbildung 21: Eruption des Arenal Vulkans 1968 (RSN, zit. nach VALLEJOS VÁSQUEZ et al. 2012: 38).

Lavaströme, periodische Gas-, Dampf- und Asche- Eruptionen, sowie pyroklastisches Auswurfsmaterial gehören zum Alltag. Das Aufkommen von Grob-und Feinmaterial, vermischt mit Gasen und Dämpfen bei hohen Temperaturen, hat bereits einigen neugierigen Besuchern das Leben gekostet (OVSICORI und UNA 2014).

Der Ort „La Fortuna de San Carlos" (La Fortuna), der sich ca. 8 km östlich des Hauptkraters befindet, ist eines der größten Touristenzentren Costa Ricas und zeigt ein stetiges Wachstum (vgl. Abb. 22). Im Jahre 2000 registriert das Instituto Costarricense de Turismo (ICT) 14 Hotels und 28 zertifizierte Reiseleiter (VILLALOBOS und HERNÁNDEZ 2000). Laut des Hotelbesitzers ROJAS BONILLA (2014: 1:18ff. Min.), dessen Lodge sich im Zentrum des Ortes befindet, wohnen in La Fortuna ca. 15.000 Menschen, es existieren aktuell mehr als 100 Hotels und die Zahl der Reiseleiter hat sich vervielfacht. Viele Privathäuser hängen Schilder mit der Aufschrift „Zimmer frei" aus. Es kam bereits vor, dass Unternehmer Warnschilder verschoben, oder Risikokarten manipulierten, um sich eigene Vorteile zu sichern ROJAS BONILLA (2014: 2:25. Min.).

Abbildung 22: Der aktive Stratovulkan Arenal & die Stadt La Fortuna (Eigene Aufnahme, 18.07.2014)

Schnelles Wachstum, hohe Investitionen und beachtliche Touristenströme erfordern einen detaillierten Entwicklungsplan für die Region. Es gibt eine Gefahrenzonierungskarte im Hinblick auf Restriktionen und Richtlinien der Landnutzung rund um den Arenal (vgl. Abb. 23). Wichtige touristische Infrastrukturen, wie die Hotels „Tabacón Resort" oder „Jungla y Senderos Los Lagos", sowie Wanderwege und ein Büro für Tourismusinformationen samt Observatorium, befinden sich in der Zone A; es ist der Bereich des Vulkans, der einer Eruption, bzw. einer Erdrutschung am Exponiertesten ist. Hunderte von Touristen sind mit einer großen Naturgefahr konfrontiert; und doch (oder deswegen) ist die außergewöhnliche räumliche

Nähe der Hotels und Wege zum Vulkan, bzw. die außergewöhnliche Aktivität des Arenals, bedeutend für die Unternehmer vor Ort.

In Dunkelheit und bei freier Sicht kann man den Lavafluss und sogar Gas- und Asche- Explosionen beobachten. Dieses vulkanische Phänomen ist für Wissenschaftler und andere Interessierte eine offene Schule; präventive Sicherheitsmaßnahmen sollten bereits in Form von Kundgabe und Aufklärung existieren. ROJAS BONILLA (2014: 2:35 Min.) ist die Vulkanampel (s. Kap. 3.1) nicht bekannt. Es gibt weder Plakate, noch Risikokarten. Selbst er wisse nicht, wie die Menschen im Ort evakuiert würden, falls es zu einem Ausbruch käme. Obwohl er Tag für Tag mit Touristen in Kontakt ist, kümmere er sich nicht großartig um die Risikoaufklärung (ROJAS BONILLA 2014: 3:00 Min.). Auffällig ist, dass fast alle Autos, die vor dem Hotel Tabacón Resort parken, rückwärts eingeparkt wurden, um im Falle einer Eruption schnellstmöglich fliehen zu können.

Die Notwendigkeit einer Gefahrenzonierung wurde nach einem Vorfall im Jahre 2000 von der CNE beschlossen, nachdem ein Reiseleiter, der mit zwei Touristen unterwegs war, bei einer Vulkaneruption und anschließendem Erdrutsch ums Leben kam (VILLALOBOS und HERNÁNDEZ 2000). Anfangs wurde die neue Zonen-Einteilung nach dem Risikograd weniger ernst genommen. Die betroffenen Hotelbesitzer warfen den Organisationen „Übertreibung" vor (LOAIZA 2004). Sowohl das Hotel Los Lagos, als auch das Hotel Tabacón, dessen Name an eine durch die Naturkatastrophe von 1968 zerstörte Gemeinde erinnert, mussten an einen neuen Standort außerhalb der Zone A verlagert werden (vgl. Abb. 23). Der Besitzer von Los Lagos deklarierte ein Kostenaufkommen von ca. 800.000 USD aufgrund des Umzugs um 600 m gen Norden, außerhalb der vier Zonen höheren Risikos (ebd.). Auch der Hotelbesitzer vom Tabacón Resort akquirierte neues Landeigentum wenige Kilometer nördlich der Zone A. Die topographischen Gegebenheiten auf dem neuen Landstück erlaubten den Bau eines sichereren Hotels.

Eine Karte der Gefahrenzonierung wurde Ende 2003 durch das OVSICORI fertiggestellt und veröffentlicht (vgl. Abb. 23). Die Zone R1 ist das Gebiet, welches das höchste Risiko birgt, d.h. wenn man sich hier aufhält, ist man maximal gefährdet und kann einem Erdrutsch oder einer Vulkaneruption zum Opfer fallen. Die Beurteilung beruht auf Erfahrungswerten bzw. der Höhe, der entstandenen Schäden. Die Bebauung oder der Wiederaufbau von geschädigten Infrastrukturen ist in dieser Zone untersagt. Die betroffenen Hotels wären bei Beibehaltung ihres Standorts ein sehr hohes Risiko eingegangen. Der Hotelbesitzer von Los Lagos entschied nach dem Umzug den Hotelnamen ein wenig zu modifizieren, damit sein Hotel nicht weiterhin mit „sehr hohem Risiko" in Verbindung gebracht wird (LOAIZA 2004).

Die Zone R2 beherbergt das Schutzgebiet des Vulkans, welches über Wanderwege bis hin zum Observatorium genutzt werden kann.

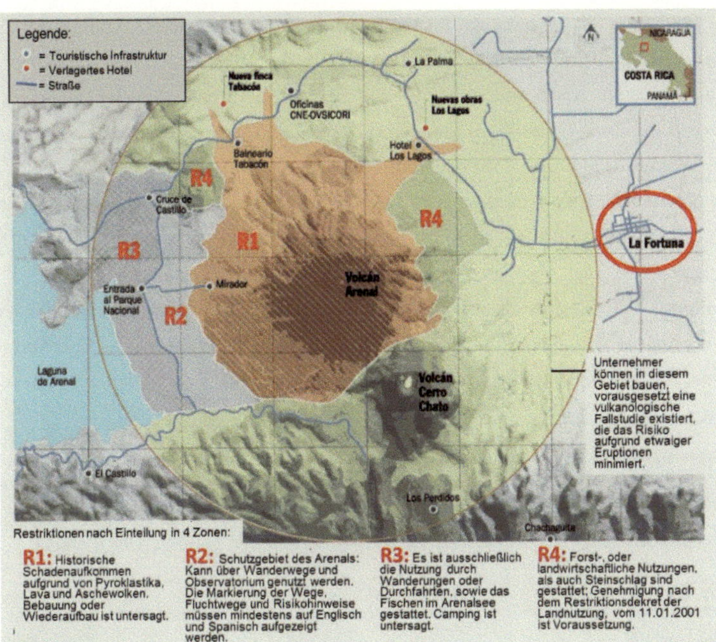

Abbildung 23: Beschreibung der Gefahrenzonierung des Arenal Vulkans (OVCISORI/UNA, zit. nach Salazar 2004, eigene Veränderungen und Übersetzungen)

Gut sichtbare Markierungen der Wege und der Notausgänge, sowie Hinweise, die Touristen auf das Risiko aufmerksam machen, müssen mindestens auf Englisch und Spanisch vorhanden sein (vgl. Abb. 24).

Abbildung 24: Warnschild am der Grenze zur Gefahrenzone R1 am Vulkan Arenal (Eigene Aufnahme, 18.07.2014)

Neubauten sind in den vier Zonen (R1 bis R4) verboten. Die Zone R3 umfasst das Gebiet außerhalb des Schutzgebietes. Die Vorgaben sind mit denen der R2-Zone vergleichbar. Touristische Aktivitäten, sowie das Angeln in der Lagune, sind hier gestattet, ausgenommen Camping. In der Zone R4 sind z.B. genehmigte forst- und landwirtschaftliche Nutzungen erlaubt. Tourismus ist in dieser Zone sekundär (SALAZAR 2004).

Obwohl die Restriktionen eine gute präventive Möglichkeit darstellen, scheint es schier unmöglich, sich dem Risiko komplett zu entziehen, da der Vulkan eine unberechenbare Naturgefahr darstellt.

„Guías Piratas" (dt. „Piraten Reiseleiter") führen Touristen häufig unerlaubterweise in die Zone R1, bis hin zum Hauptkrater und setzen sie und sich selbst einem äußerst hohen Risiko aus (LOAIZA 2004 und ROJAS BONILLA 2014: 5:08 Min.).

5. Risikoprävention und Wahrnehmung

Jörn Birkmann, wissenschaftlicher Leiter des Bündnisses Entwicklung Hilft und Mitbegründer des WeltRisikoBerichts der Universität der Vereinten Nationen in Bonn (UNU) erklärt:

> „Katastrophenhilfe darf sich nicht immer darauf beschränken, Zelte und Hubschrauber zu senden, da es langfristig um die Senkung des Risikos durch Prävention geht. Ohne ihre kurzfristige Nothilfe zu beschneiden, muss man diese mit langfristigen Strategien verknüpfen, damit in gefährdeten Ländern ein Wandel gelingt." (Birkmann, zit. nach PERNSTEINER 2011: 4).

In Costa Rica existiert ein nationaler Risikomanagementplan (Gesetz Nr. 8488), der besagt, dass der Comisión Nacional de Emergencias (CNE) die Verantwortung obliegt, sich für Risikoprävention und *Emergency Response* einzusetzen. Der Plan ist ein strategisches Planungsinstrument, das zur politisch-institutionellen Umsetzung der Risikoprävention durch umfassende Artikulation der Prozesse und Konzepte erschaffen wurde. Der Plan ersucht institutionelle Kompetenzen und von diesen die Zuweisung von Ressourcen, Organisation und Mechanismen der Kontrolle.

Verschiedene Vorsorgemaßnahmen (*adjustments & adaptations*) sind dem Plan zu entnehmen (CNE 2010: 23ff.). Ob die gesetzlich vorgegebenen präventiven Maßnahmen tatsächlich umgesetzt werden, soll anhand von Beispielen innerhalb dieses Kapitels dargelegt werden.

Aufklärungsprogramme in Schulen, besonders in s.g. Hochrisiko-Gemeinden, Unternehmen, etc., sind Bestandteil des Plans. Ein Interview mit einer Erzieherin an einer Schule in Manuel Antonio (Quepos, Zentralpazifik) zeigt, dass Aufklärungsprogramme über Naturgefahren, wie z.B. Erdbeben, Pflicht sind (ESQUIVEL FLORES 2014: 1:40ff. Min.). In der Region rund um Quepos lokalisiert das RSN häufig Epizentren von Beben. ESQUIVEL FLORES (2014: 0:33 Min.) ist seit fünfzehn Jahren als Erzieherin tätig und ist sich ihrer Aufgabe im Hinblick auf die Aufklärung über Naturrisiken bewusst. Sie zeigt den Schülern Evakuierungsrouten innerhalb der Schule und sensibilisiert sie hinsichtlich Alarmsignale. Die Schule kann einen Brief mit einem Appell an das Rote Kreuz vor Ort schicken. Mitarbeiter des Roten Kreuzes (span. „Cruz Roja") würden daraufhin einen Termin vereinbaren, um die Schüler über Verhaltensweisen vor, während und nach einem Erdbeben eingehender zu unterrichten (ESQUIVEL FLORES 2014: 5:47f. Min.). In der Niederlassung des Roten Kreuzes in Quepos findet man ein Plakat mit der Überschrift „Erdbeben" (span. „Terremoto"), welches über Verhaltensweisen aufklären soll (vgl. Abb. 25).

Abbildung 25: Warnplakat "Erdbeben" (links) & fehlende Aufklärung über Naturgefahren an öffentlichen Plätzen (rechts) (Eigene Aufnahmen, 08.08.2014)

Das Plakat ist allerdings nicht gut sichtbar, da es in einer Ecke und zwischen vielen anderen Plakaten nur geringfügig auffällt. Das Plakat wurde in Zusammenarbeit mit dem Roten Kreuz und der Organisation Atención de Reducción de Riesgo en Latinoamérica (LARRA) erstellt und besagt unter dem Motto „es ist besser sich vorzubereiten", dass man vor („antes") dem Erdbeben einen persönlichen Notfallplan ausarbeiten, Evakuierungsrouten identifizieren und mit der Familie Simulationen realisieren soll.

Ebenso soll man renovierungsbedürftige Stellen am Haus erneuern, sowie über Lebensmittelreserven, Medikamente, Taschenlampen und Batterienradios verfügen. Es ist nicht empfehlenswert schwere Objekte an höhergelegenen Orten aufzubewahren.

Es folgen Anweisungen, die während („durante") und nach („después") einem Beben empfohlen sind. Ein Kritikpunkt ist, dass das Plakat ausschließlich auf Spanisch vorliegt, obwohl Quepos eines der beliebtesten Ziele für internationale Touristen am Zentralpazifik ist. Außer-

41

dem ist anzumerken, dass keinerlei Plakate über Naturgefahren und Naturrisiken an Bushaltestellen, im Krankenhaus oder anderen öffentlichen Plätzen zu finden sind, obwohl es eine Vielzahl von Plakaten, z.B. über die Gesundheitsgefährdung durch rauchen, intrafamiliäre Gewalt und viele thematische Aushänge über die Tropenerkrankung namens Dengue, welche durch Stechmücken übertragen wird, gibt.

Eine probabilistische Analyse zeigt jedoch, dass der maximale Verlust ausgehend von einem Erdbeben mit einer Wiederkehrperiode von 50 Jahren, Einbußen von rund 390 Millionen USD und ausgehend von einem Beben mit einer Wiederholungsperiode von 100 Jahren ungefähr 850 Millionen USD verursachen würde (Banco Interamericano de Desarrollo 2006: 10f., zit. nach CNE 2010: 5).

Das Gesundheitsministerium hatte vergangenen Donnerstag, den 24.07.2014, angekündigt, dass Mitarbeiter in den darauffolgenden Tagen alle Wohnhäuser in Quepos aufsuchen werden, um potentielle Denguemückenquellen zu entlarven und damit der Krankheit entgegenzuwirken. Es wurden Flugzettel verteilt, die über die Übertragung des Dengue-Fiebers aufklären und aufzeigen, wie sich die Stechmücken vermehren können bzw. wie man dies verhindern kann.

Eine vergleichbare Situation gab es im Jahre 2010, als die CNE die Anwohner aufsuchte, um Evakuierungen aufgrund schwerer Regenfälle einzuleiten (s. Kap. 4.1). Dies führte jedoch, aufgrund zu geringer Vorwarnzeiten, nur teilweise zum Erfolg.

Das Mapping von Bedrohungen ist ein weiterer Aspekt, der in den Risikoplan einfließt. Das Beispiel des Arenal Vulkans zeigt, dass die Unterteilung in Risiko-Zonen, sowie das Erstellen solcher Karten durchaus Bestandteil des Risikomanagements in Costa Rica sind. Präventive Maßnahmen wurden von Hotelbesitzern, deren Hotels sich in hochgefährdeten Gebieten befanden, durchgeführt, indem sie ihr Hotel auf sichereren Terrains erbaut haben.

Rechtliche Rahmenbedingungen für bauliche Maßnahmen sind definiert worden.
Im Internet kann jeder das Handbuch herunterladen, welches Rechtsvorschriften, wie das erdbebensichere Bauen mittels Stahl, welcher in die Betonwände integriert wird, darlegt (vgl. Abb. 26). Bauleiter wissen über die Notwendigkeit dieser Maßnahme Bescheid und setzen sie innerhalb der Projekte um. Die Stadtverwaltung sucht Bauprojekte auf und kontrolliert die Umsetzung dieser präventiven Maßnahme (BACKE 2014: 6:30f. Min.). Peter Backe, ein Deutscher, der sein Hotel („Guava Lodge") in Matapalo (ca. 30 km von Quepos, Zentralpazifik) direkt am Strand erbaut, sagt, dass er sich strikt an diese Vorschrift hält, um das Risiko, Opfer eines Erdbebens zu werden, zu senken und Geldstrafen zu vermeiden (BACKE 2014: 2:00ff. Min.). Auf die Frage, ob er sich gegen Tsunami-Schäden versichern würde, antworte-

te er mit Verwunderung. Er wusste nicht, dass es „so etwas" in diesen Breiten gäbe und verneinte die Frage. Vorschriften gibt es hierzu nicht (BACKE 2014: 4:20f. Min.).

Die Wahrnehmung der Naturgefahr ist in diesem Falle nicht gewährleistet.

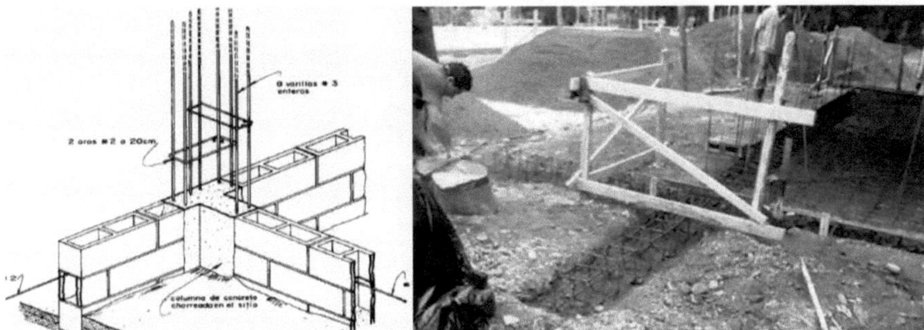

Abbildung 26: Bauvorschriften für mehr Erdbebensicherheit (links: MOAS 1993: 30, rechts: Eigene Aufnahme, 02.08.2014)

Das Pacific Tsunami Warning Center (PTWC), 1946 auf Hawaii gegründet, ist ein Tsunami-Frühwarnsystem für den Pazifik-Raum und hat auch vor der Küste Costa Ricas zwei Bojen installiert (vgl. Abb. 27). Nachdem ein auftretendes Beben von Seismometern registriert, die Magnitude, als auch das Epizentrum ermittelt wurde und sich herausgestellt hat, dass es sich um ein Seebeben handelt, werden über Messungen in 1000-6000 m Tiefe, Wellenbewegungen, Änderungen des Meeresspiegels und Druckänderungen, Daten ermittelt, welche anschließend an eine Oberflächen-Boje weitergeleitet werden (NDBC 2011). Die Boje sendet die Messungen danach zu einem Satellit, der die Daten zur Auswertung an das PTWC sendet. Im Falle einer registrierten Tsunami werden für die gefährdeten Gebiete Warnungen herausgegeben. Vergleichbar mit der Situation am Vulkan Arenal ist auch hier wiederum fragwürdig auf welche Weise die Bevölkerung im Falle einer Tsunami-Warnung gewarnt und evakuiert werden würde. Es gibt laut ESQUIVEL FLORES (2014: 3:22f. Min.) und ROJAS BONILLA (2014: 4:40 Min.) nur innerhalb von Einrichtungen, wie Hotels oder Schulen, Evakuierungsrouten, aber keine sichtbaren Routen innerhalb der Orte. Laut ESQUIVEL FLORES (2014: 4:50 Min.) kann die Feuerwehr die umliegende Bevölkerung per Megaphon warnen, falls ein Naturereignis die Ortschaft bedroht. Radios oder TVs stellen Möglichkeiten dar, Informationen schnell zu verbreiten, allerdings besitzt nicht jeder Costa-Ricaner Geräte wie diese; und falls doch, sind sie nachts i.d.R. ausgeschaltet, was eine nächtliche Warnung auf diesem Wege unmöglich macht. Es existieren Handy-Apps, welche den Besitzer in Notfallsituationen warnen können (PREVENTEC 2013); eine äußerst hilfreiche Methode, auf die Menschen ohne Mobiltelefon leider keinen Zugriff haben.

In Schulen wurden Alarmglocken angebracht, über deren Bedeutung im Rahmen vorgegebener Risikopläne aufgeklärt wird (ESQUIVEL FLORES 2014: 2:40f. Min.). Bspw. bedeutet das

43

wiederholte Läuten der Glocke, dass Gefahr durch ein Erdbeben droht. Es werden regelmä-
ßig Simulationen durchgeführt, in denen das Verhalten während einer Gefahrensituation ge-
übt werden soll (ESQUIVEL FLORES 2014: 3:55f. Min.).

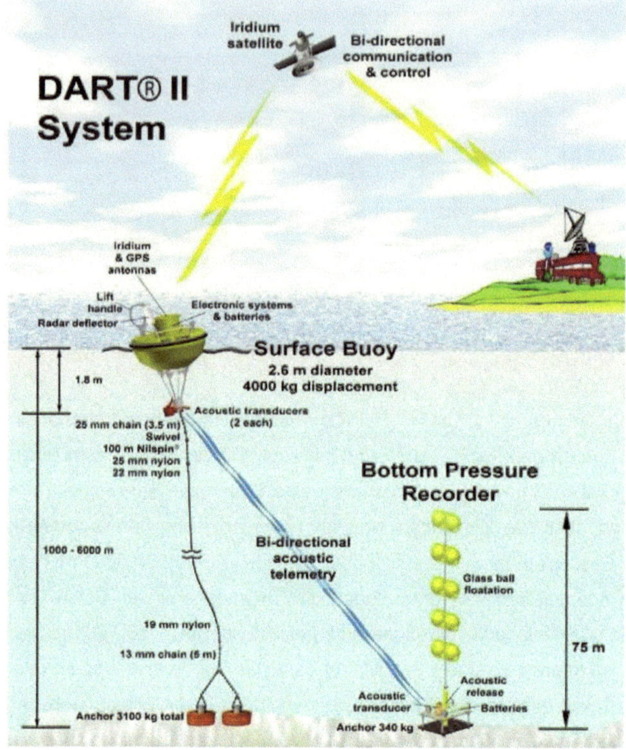

Abbildung 27: Tsunami-Frühwarnsystem des PTWC anhand einer Boje (NDBC 2011)

Es ist demnach völlig unklar was passieren würde, wenn ein Tsunami auf die costa-
ricanische Küste trifft. Ein System, welches die Verbreitung von Warnungen ermöglicht, sollte nicht erst angebracht werden *nachdem* eine Katastrophe passiert ist; es sollte Teil der
Risikoprävention sein.

Ein institutionelles Notfallkomitee wurde erschaffen, wobei enge Zusammenarbeit mit Kommunen im Vordergrund steht. Bürgermeister werden integriert und müssen für das Wohl und
die Aufklärung in ihren Gemeinden sorgen (CNE 2010: 23ff.).
Kommunikationsnetzwerke, welche das ganze Jahr über, in nahezu 90% des Landes (über
250 Wetterstationen), die klimatischen Bedingungen überwachen, Live-Kameras, die das
Vulkan-Monitoring sicherstellen, Forschungen in Bereichen mit hohen Bedrohungsstufen, zu

Themen wie seismische Aktivität, Vulkan, Überschwemmungen und Erdrutschungen etc.,
liegen vor (s. Kap. 3.1).

Schutzmaßnahmen wie Dämme oder Kanäle wurden an vielen Stellen in Costa Rica realisiert.

Ein Online-Informationscenter der CNE stellt die wichtigsten Informationen zusammen, während die Öffentlichkeit frei darüber verfügen kann. Doch vor allem sozial Schwächere haben
häufig keinen Internetzugang. Laut INEC hatte 2013 nur rund 46,71 % der costa-ricanischen
Bevölkerung Internetzugang.

6. Fazit

Die Multihazardrepublik Costa Rica hat eine relativ lange und solide Erfahrung im Hinblick
auf die Bewältigung von Naturkatastrophen. Die Institutionalisierung des Katastrophenmana-
gements hat bereits Gestalt angenommen; so trägt z.B. der Risikomanagement-Plan zu einer effizienteren Katastrophenhilfe und Risikoprävention bei.

Aus Überschwemmungen, die entweder durch meteorologische Extremereignisse oder durch
unvorteilhaftes anthropogenes Nutzungsverhalten hervorgerufen werden, gehen die häufigsten Naturgefahren hervor. Dichtbesiedelte Regionen sind am stärksten betroffen, wobei Extremereignisse hier am Seltensten sind. Verbesserungen des städtischen Abwassersystems,
Überholungen und Restaurierungen von Abwasserkanälen, sowie bessere Gewohnheiten
der Bevölkerung bezogen auf die Abfallwirtschaft, stellen gute präventive Maßnahmen dar.

Dürren, wie die des aktuellen Jahres 2014, können Schäden in Millionenhöhe verursachen
und lassen sich meist auf das El Niño bzw. La Niña Phänomen zurückführen. Das IMN hat
bereits im Mai angekündigt, dass es im Juli zu Niederschlagsdefiziten kommen wird (IMN
2014: 33). Bessere Bewässerungssysteme und der Umzug von Viehherden müssen in ver-
gleichbaren Situationen geplant werden, um die Schäden möglichst gering zu halten. In sol-
chen Fällen müssen finanzielle Mittel in Costa Rica stets verfügbar sein.

Auch seismische Aktivitäten und Vulkane bedrohen die Gesellschaft. Tritt ein Erdbeben im
Valle Central zutage, sind die Schäden aufgrund der dichten Besiedelung oft viel höher als in
den Küstengebieten. Tritt ein maritimes Beben auf, bleibt das Landesinnere wiederum unbe-
rührt. Es ist festzuhalten, dass Küstenregionen Stürmen und Tsunamis vorbeugen müssen,
während im Valle Central auch die Naturgefahren in Betracht gezogen werden müssen, die
aus den fünf aktiven Vulkanen hervorgehen.

Naturgefahren sind stets präsent und das Eintreten eines Hazards ist nicht zu verhindern.
Anhand einer effizienten Katastrophenvorsorge kann die Verwundbarkeit reduziert werden.
Eine wirksame Durchsetzung von Bauvorschriften, Frühwarnsystemen, Umweltstandards,
Schulungen und einer gezielten Landesplanung kann das Schadensausmaß eines Hazards
einschränken und somit das Naturrisiko vermindern. Besonders in Regionen, wie z.B. Tibás,

die einen hohen Bevölkerungsdruck aufweisen und jene, die einen hohen Anteil an sozial schwacher Gesellschaft beherbergen, ist die Aufnahme der Katastrophenvorsorge unbedingt notwendig.

Bevölkerungswachstum, insbesondere in den Städten, beschleunigte Modernisierung der Produktion, Übernutzung der Gebiete und unzureichende Kontrolle bei baulichen Maßnahmen erhöhen die Komplexität der Bedrohungen auf der anderen Seite. Es ist anzumerken, dass Costa Ricas Risikomanagement ständig modernisiert werden muss, denn das Land befindet sich in einem stetigen Wandel, in dem Bevölkerungswachstum angepassten Maßnahmen bedarf. Auch muss man sich langfristig auf kommende Umwelt- und Klimaveränderungen einstellen, um die Eintrittswahrscheinlichkeit einer Katastrophe oder Krise zu vermindern.

In Costa Rica existieren Konzentrationen ärmerer Haushalte in Gebieten höheren Risikos. Lücken in der Erbringung von Dienstleistungen und Infrastrukturen müssen hier geschlossen und die Überbelegung v.a. von einsturzgefährdeten Häusern eingeschränkt werden.

Die Vulnerabilität kann u.a. verringert werden, indem die Armut bekämpft wird. Dennoch geht die Einstufung Costa Ricas innerhalb des WeltRisikoBerichts 2013 in erster Linie nicht auf ein niedriges Wohlstandsniveau zurück oder auf die Anfälligkeit im Bereich der Gesundheit, da sich Costa Rica im Vergleich zu anderen lateinamerikanischen Ländern wohlsituiert präsentiert.

Soziale Ausgrenzung, vor allem in städtischen Gebieten, ist in der Regel auf politische Maßnahmen zurückzuführen. Dies gilt es einzudämmen, denn geographische Ausgrenzung ist ein Faktor, der die Vulnerabilitätskluft vergrößert.

Im Fall von Costa Rica gibt es aber Standorte, an denen sich Gefahrenfaktoren konzentrieren. In diesen Bereichen sind Zonierungen und raumplanerische Vorschriften äußerst wichtig, wie es u.a. in La Fortuna am Vulkan Arenal der Fall ist.

Kollektive Praktiken in den Kommunen können die Anwohner auf nachteilige Naturerscheinungen vorbereiten. Wissenstransport ist neben dem Sicherstellen von Ressourcen, baulichen Maßnahmen und Hazardmonitoring ein weiterer Aspekt, der nicht vernachlässigt werden darf.

Ausgewählte Beispiele zeigen, dass in Regionen, die von Naturgefahren bedroht werden, Risikowahrnehmung nicht automatisch vorhanden ist. Befragungen nach wissen einige Anwohner nicht, dass es historische Katastrophen gegeben hat und dass eine Naturgefahr wie „das Schwert des Damokles über der Region schwebt" (POHL und GEIPEL 2002: 2). Feldforschungen haben gezeigt, dass für deren Aufklärung wenig getan wird. Die Anbringung von informativen Plakaten, Gefahrenkarten, TV-Dokus oder Radiodurchsagen sind eine Möglichkeit, um Verhalten in Gefahrensituationen zu determinieren und Katastrophen zu verhindern.

Diese Möglichkeit der Wissensvermittlung wird leider noch vernachlässigt, obwohl sich die Menschen einsichtig und offen zeigen.

Ist das Bewusstsein über Naturgefahren und Naturrisiken in sog. Hot-Spot-Regionen vorhanden, aber haben sich Investoren trotzdem für ihr Geschäft dort entschlossen, schien ihnen vermutlich ihr Nutzen in Form von wirtschaftlichem Wohlstand größer, als die Gefahr, Opfer eines Naturereignisses zu werden.

Die Kontaktaufnahme mit dem Bürgermeister von Quepos (Kanton Aguirre, Zentralpazifik) ist derzeit ein persönliches Ziel, denn es mangelt an Initiativen. Ein Gespräch mit den Zuständigen kann aufzeigen, dass eine bessere Umsetzung im Hinblick auf Risikoaufklärung notwendig ist.

In Berichten kann man lesen, dass Tiere während einer Gefahrensituation ein verändertes Verhalten gezeigt haben, wie z.B. vor dem Eintreffen der Tsunami an der Küste des indischen Ozeans im Jahre 2004. Die Wissensübermittlung über solche veränderten Verhaltensweisen von Tieren, die eine Frühwarnung vor einem Erdbeben oder Tsunami darstellen könnten, ist eine einfach zu realisierende Methode. Auch Kinder sollten bereits in frühen Jahren sensibilisiert werden. Programme in Schulen, die der Aufklärung über Tsunamis dienen, wurden realisiert. Auch Bilderbücher oder Kurzfilme können dabei helfen. Sobald man das Wissen über eine Naturgefahr erworben hat, kann man das Risiko wahrnehmen. Hat man das Risiko wahrgenommen, kann man präventive, u.a. technische Maßnahmen treffen.

Die CNE stellt eine gute Grundlage; es bleibt jedoch recht unklar, *wie* die betroffene Bevölkerung im Falle eines Naturereignisses *spontan* gewarnt und evakuiert werden kann.

In Costa Rica existiert Risikoprävention in der Theorie; ein detaillierter Risikomanagement-Plan ist gegenwärtig. In der Praxis jedoch haben sich Lücken gezeigt, die unbedingt zu füllen sind.

7. Ausblick

Der Klimawandel betrifft auch Costa Rica.

Um einen allgemeingültigen Ausblick in Bezug auf Naturgefahren und Naturrisiken in Costa Rica und das regionale Risikomanagement formulieren zu können, ist es zunächst notwendig in die Vergangenheit zu blicken. Anhand von Datierungen vergangener Naturereignisse kann man probabilistische zukunftsrelevante Aussagen treffen.

Durch den globalen Temperaturanstieg steigt der Meeresspiegel, wodurch in Costa Rica ganze Ortschaften, wie z.B. die „Isla Damas" (Kanton Aguirre, Zentralpazifik), isoliert werden könnten. Besonders die nächtlichen Temperaturen sind in den letzten 30 Jahren stetig angestiegen (IMN 2008: 55). Nicht nur die Menschheit ist vom Klimawandel betroffen, sondern auch Flora und Fauna zeigen Veränderungen. Im Norden Costa Ricas sind z.B. durch Dürreerscheinungen in den letzten 35 Jahren bis zu 75 % der Amphibien verschwunden (IMN

2008: 57). Der Nebelwald in Monteverde (ca. 100 km nordwestlich von San José) verliert Feuchtigkeit, wodurch eine Menge Tierarten bereits vom Aussterben bedroht sind. Außerdem nehmen Dürren und andere Extremereignisse zu. Der Sturm Alma, der im Jahre 2007 weniger als 50 km vor der Küste Guanacastes wütete, war der erste seiner Art. Die Provinz Cartago zählte in den letzten sechzehn Jahren die doppelte Anzahl an Tornados (IMN 2008: 57). Wenn diese Frequenz beibehalten wird, gibt es im Jahre 2021 jährlich 33 Tornados mehr. Auch die Anzahl der El Niño-Phänomene hat in den letzten sechzehn Jahren zugenommen. Obwohl die Dauer der Ereignisse geringer geworden ist, hat sich an der Magnitude nichts verändert. Wenn sich dieser Rhythmus fortführt, wird sich die Anzahl der El Niño-Ereignisse im Jahre 2021 verdoppelt haben (ebd.). Planktonsterben und meteorologische Extremerscheinungen sind Konsequenzen, die eine Reihe weiterer Folgen auslösen.

Es wurde registriert, dass die Zahl der Hochwasserereignisse im Valle Central seit 1960 stetig zunahm (vgl. Tab. 3).

Tabelle 3: Anzahl der Überschwemmungen und Erdrutsche 1960-1997 (Eigene Darstellung, zit. nach der UCR, o.J.)

Zeitraum	Anzahl der Ereignisse
1960-1969	20
1970-1979	52
1980-1989	83
1990-1997	79

Auch ab 1997 bis in die Gegenwart zeigte sich eine relative Zunahme des Niederschlags, besonders in der Karibik und in Teilen des Zentralpazifiks. Am Nordpazifik hingegen hat sich die Niederschlagsmenge verringert, wodurch mehr Dürren zutage traten (IMN 2008: 55).

Es ist bekannt, dass der Klimawandel nicht durch anthropogene Aktivitäten induziert wurde, dass die Menschheit jedoch für die beschleunigte Erwärmung der letzten 100 Jahre mit verantwortlich ist (IMN 2008: 58).

Für Costa Rica ist es unerlässlich regionale Szenarien der zukünftigen Klimaänderung zu artikulieren. Es ist wichtig, eine Risikoanalyse vorzunehmen und die Auswirkungen, die der Klimawandel auf das Land hat, so gut wie möglich zu identifizieren und zu bewerten, um sich anschließend durch adäquate Anpassungsmaßnahmen vorzubereiten.

IV Literaturverzeichnis

BACKE, P. (03.08.2014): Interview über Naturgefahren und Naturrisiken in Costa Rica. Bau eines Hotels an der Pazifikküste. Matapalo, Costa Rica.

Bündnis Entwicklung Hilft (Hrsg.) (2013): WeltRisikoBericht 2013. Berlin.

CNE (2009): Cinchona, Alcance N° 2 a La Gaceta N° 9. Internet: http://www.cne.go.cr/cedo_dvd5/files/flash_content/pdf/spa/doc127/doc127.htm (20.07.2014).

CNE (2010): Plan Nacional para la Gestión de Riesgo (2010-2015). Internet: http://www.cne.go.cr/index.php/plan-nacional-para-la-gestion-del-riesgo (14.07.2014).

DUARTE, E. (2009): El Calor Atmosférico y los temblores en Costa Rica. Internet: http://webcache.googleusercontent.com/search?q=cache:ItgP8DQ_jLkJ:www.ovsicori .una.ac.cr/index.php%3Foption%3Dcom_phocadownload%26view%3Dcategory%26d ownload%3D180:el-calor-atmosferico-y-los-temblores-en-costa-rica- %26id%3D24:informes-tecnicos%26Itemid%3D90+&cd=2&hl=de&ct=clnk (09.07.2014).

ESQUIVEL, R. (19.07.2014): Interview über die Naturgefahr des Vulkan Poás mit dem Hotelbesitzer des Altura-Hotels. Poásito, Costa Rica.

ESQUIVEL FLORES, J. (26.07.2014): Interview über Naturgefahren und Naturrisiken an öffentlichen Schulen mit einer Erzieherin. Manuel Antonio, Costa Rica.

FELGENTREFF, C. und W. R. DOMBROWSKY (2008): Hazard-, Risiko- und Katastrophenforschung. Internet: http://www.soziologie-ley.eu/mediapool/112/1129541/data /Felgentreff_Dombrowsky2008_Hazard_Risiko_und_Katastrophenforschung.pdf (07.07.2014).

FUCHS, H.J. (2002): Naturgefahren und Naturrisiken auf den Philippinen. In: Geographische Rundschau 54 (1): 15 - 22.

GEBHARDT H. et al. (Hrsg.) (2007): Geographie. Physische Geographie und Humangeographie. Heidelberg.

GUERRERO, A. (2014): Costa Rica no vivía una sequía como la actual desde hace 75 años. Nicaragua teme por vida de 600 mil reses, Honduras reporta 72 mil damnificados (09.08.2014). Internet: http://www.crhoy.com/costa-rica-no-vivia-una-sequia-como-la-actual-desde-hace-75-anos/ (10.08.2014).

Government of Costa Rica (2008): Costa Rica: Inundaciones vertiente Caribe por influencia de frente frío - Informe de situación no 2. Internet: http://reliefweb.int/report/costa-rica/costa-rica-inundaciones-vertiente-caribe-por-influencia-de-frente-fr%C3%ADo-informe-de (18.07.2014).

IMN (2008): El Clima, su variabilidad y cambio climático en Costa Rica. Comité Regional de Recursos Hidraulicos. San José, Costa Rica.

IMN (2014): Boletín Meteorologico Mensual. Mayo 2014. San José, Costa Rica.

INEC (2013): Proyecciones de población y demografía en Costa Rica. Internet: http://www.inec.go.cr/Web/Home/pagPrincipal.aspx# (30.07.2014).

LOAIZA, V. (2004): La Nación: OVSICORI publicó nuevo mapa sobre el Arenal Hoteles se alejan de riesgo volcánico. Internet: http://www.nacion.com/ln_ee/2004/enero/18/pais2.html (26.07.2014).

MEIER KRUKER, V. und J. RAUH (2005): Arbeitsmethoden der Humangeographie. Darmstadt.

MOAS, M. (1993): Manual para la construcción de viviendas de un piso con bloques de concreto. San José, Costa Rica.

MUÑOZ, C. et al. (2002): Variación estacional del viento en Costa Rica y su relación con los regímenes de lluvia. Tópicos Meteorológicos y Oceanográficos 9 (1):1-13.

NDBC (2011): Deep-ocean Assessment and Reporting of Tsunamis (DART) Description. Internet: http://www.ndbc.noaa.gov/dart/dart.shtml (27.08.2014).

OVSICORI und UNA (2014): Volcanes Costa Rica. Internet: http://www.ovsicori.una.ac.cr/ index.php?option=com_content&view=article&id=30&Itelte=69 (25.07.2014).

PERNSTEINER, J. (2011): Weltkarte zeigt Anfälligkeit von Naturgefahren. Größte Bedrohung auf der Pazifikinsel Vanatu, niedrigste in Katar. Pressetext. Internet: http://www.pressetext.com/news/20110615035 (14.05.2014).

PNUD und CNE (2011): De la recuperación al desarrollo sostenible: Más allá del terremoto de Cinchona, 2009 1 (1): 1-6.

POHL, J. und R. GEIPEL (2002): Naturgefahren und Naturrisiken. In: Geographische Rundschau 54 (1): 4 - 8.

PREVENTEC (2013): Proyecto de Promoción del conocimiento en Tsunamis en Escuelas Costeras. Santa Teresa de Cóbano implementa ruta de evacuación por amenaza de Tsunami. Internet: http://www.preventec.ucr.ac.cr/preparativo_tsunami_santa_teresa (15.07.2014).

ROJAS BONILLA, J. A. (20.07.2014): Interview über die Naturgefahr des Vulkan Arenal mit dem Hotelbesitzer der Arenal Oasis Eco-Lodge. La Fortuna, Costa Rica.

SALAZAR, A. (2004): La Nación: Mapa de la zonificación del Volcán Arenal del OVSICORI / UNA 2003. Inernet: http://www. nacion.com /ln_ee/2004/enero/18/648270.gif (26.07.2014).

UCR (o.J.): Unidad 8 – Los desastres naturales: 51-57. Internet: http://esociales.fcs.ucr.ac.cr/recursos/libros_s_21/es7/guia/Unidad%208%20-%20Los%20desastres%20naturales.pdf (24.06.2014).

VALLEJOS VASQUEZ, S., L. ESQUIVEL VALVERDE und M. HIDALGO MADRIGAL (2012): Histórico de Desastres en Costa Rica (Febrero 1723 - Setiembre 2012, CNE). Pavas, San José, Costa Rica.

VAN DER LAAT, R. und OVSICORI (2012): Volcanes activos de Costa Rica: Mención especial de la actividad reciientte del vollcán Turialba. Lección Inaugural del Ciclo Lectivo 2012. Internet: http://www.ovsicori.una.ac.cr/sistemas/ bibliote-

ca/ovsicori/Vulcanologia/Presentaciones/Volcanes%20activos%20de%20Costa%20R
ica.pdf (22.07.2014).

VARGAS ULATE, G. (2006): Geografía de Costa Rica. San José, Costa Rica.

VILLALOBOS, C. und C. HERNÁNDEZ (2000): La Nación, Noticias Nacionales: Riesgo seduce
en el Arenal. CNE pretende restringir áreas peligrosas. Internet:
http://www.nacion.com/ln_ee/2000/septiembre/03/pais1.html (26.07.2014).

WISNER, B. et al. (2004): At Risk. Natural Hazards, People's Vulnerability and Disasters. Lon-
don.